结构分析有限元程序应用

齐 欣 李翠娟 孟庆成 编 著

西南交通大学出版社

·成 都·

图书在版编目（ＣＩＰ）数据

结构分析有限元程序应用 / 齐欣，李翠娟，孟庆成
编著. 一成都：西南交通大学出版社，2019.3
ISBN 978-7-5643-6794-7

Ⅰ.①结… Ⅱ.①齐… ②李… ③孟… Ⅲ.①结构力
学 – 有限元法 – 程序设计 – 高等学校 – 教材 Ⅳ.
①O342

中国版本图书馆 CIP 数据核字（2019）第 049633 号

结构分析有限元程序应用

齐 欣　李翠娟　孟庆成 / 编 著

责任编辑 / 姜锡伟
封面设计 / 何东琳设计工作室

西南交通大学出版社出版发行

（四川省成都市二环路北一段 111 号西南交通大学创新大厦 21 楼　610031）
发行部电话：028-87600564　028-87600533
网址：http://www.xnjdcbs.com
印刷：四川森林印务有限责任公司

成品尺寸　185 mm × 260 mm
印张　11　字数　272 千
版次　2019 年 3 月第 1 版　印次　2019 年 3 月第 1 次

书号　ISBN 978-7-5643-6794-7
定价　28.00 元

前　言

　　本教材作为结构分析的入门书籍，是"结构力学"接续课程"结构分析与计算机程序应用"课程的教程教材之一，结合通用有限元软件 SAP2000 的 V17 版本，提供给读者 SAP2000 的基础知识、基本内容和应用，使读者能够应用 SAP2000 的前处理生成框架、壳体和实体模型，认识有限元中常见的基本概念及软件的常用求解设定，应用 SAP2000 对模型进行静力和动力分析，并观察后处理结果。

　　全书共有 7 章，每章介绍一个或几个主题。大部分的章节包括对所介绍主题的演示例题以及简短讨论。编著者尽量选择简单有效、注重实用、注重方法的实例，便于读者学习、比较和借鉴，且每个实例都给出详细的操作步骤。全书以注重基本概念、注重操作性和实用性为原则，即使读者没有很深的有限元理论基础，也可以读懂，并可以通过实际操作模型来逐步掌握结构分析技巧。

　　第 1 章从总体上介绍了常见的结构分析方法和常用的有限元计算程序；第 2 章详细介绍了有限元程序的基本原理、基本计算流程、计算方法以及计算机实现方法；第 3 章介绍了有限元程序结构分析中所涉及的单元及其特性；第 4 章对 SAP2000 程序进行了概述；第 5 章结合 SAP2000 程序详细介绍了常见结构（梁、刚架、拱、桁架、组合结构）的静力分析方法和计算流程；第 6 章介绍了梁、刚架等结构在移动荷载作用下的影响线绘制方法；第 7 章介绍了模态分析的基本操作方法。

　　在本书的编写过程中，西南交通大学土木工程学院结构力学教研室罗永坤、黄慧萱、蔡婧、马珩、江南等多位老师提供了大力的支持，在此对他们表示衷心的感谢！

　　限于作者的能力和水平，书中难免存在不足之处，欢迎读者批评指正。

编著者

2019 年 2 月

目　录

1 绪 论

1.1 结构分析

在各种工程构造物中用以支撑和传递荷载的骨架部分称为结构。房屋建筑中的梁柱体系、土木工程中的桥梁，各种地下洞室及支挡，以及水利工程中的水坝、闸门等都是结构的典型例子。图1-1中的鸟巢以及重庆朝天门大桥都可称之为结构。

图1-1　典型结构

人类早期的建筑更多的是从大自然中观察模仿和经验积累的产物。随着生产和技术的进步，人们对结构受力的规律，结构的强度、刚度和稳定性的认识不断加深，并从经验和试验中逐步形成了结构力学学科。通过广泛应用于工程建设实践，结构力学不断完善并成为一门指导工程建设的基础性科学。

结构分析是指用工程力学方法对结构进行分析，以检验结构是否满足规范规定的强度、刚度、稳定、尺寸等。结构分析方法与科学技术发展水平有着密切的关系，随着科学计算技术的发展而不断更新。在计算机出现之前，人们多以手算为主，他们将精力集中在如何构造一些巧妙的分析求解方法，既能解决问题，又不过于复杂，由此衍生了很多适用于不同情况的、有特色的求解技巧和方法。这些方法反映了结构力学分析中丰富的学术思想，但也暴露出受到计算手段的限制的缺陷，结构分析缺乏统一的、通用的分析计算方法。计算机出现后，计算手段的限制得到了解放，矩阵代数的方法有了用武之地，人们的注意力开始转向功能强大的计算机方法。

1.2 工程结构分析

步入21世纪，人类跨入信息时代，计算机技术无论从硬件还是软件上都在日新月异地发展，信息化、数字化、网络化渗透在很多学科当中，也为很多学科提供了新的发展机遇。个人计算机的空前普及、计算技术的发展、计算机语言的更新换代，使计算机方法应用于经典结构力学中所有类型的问题，从而可进行精确的数值分析计算。工程结构分析也可称为数值模拟或者仿真计算（Numerical Simulation）。最早的仿真计算是用差分代替微分，将复杂的微分问题转换为代数问题，极大地简化了求解难度。

20世纪60年代，有限元法（Finite Element Method，FEM）建立并取得了巨大的成功。它以经典牛顿力学为基础，为人们提供前所未有的能力：预测和理解复杂系统，模拟复杂的物理现象，利用这些模拟设计复杂的工程系统。它使力学这个古老学科成为对人类文明核心领域产生决定性影响的学科，对科学和技术已经产生了深远的影响。

20世纪70年代，边界元法（Boundary Element method，BEM）建立。边界元法是在有限元法之后发展起来的一种精确高效的工程分析数值方法。与有限元法在连续体域内划分单元的基本思想不同，边界元法是只在定义域的边界上划分单元，用满足控制方程的函数去逼近边界条件。边界元法与有限元法相比，具有单元个数少、数据准备简单等优点。另外，有限条法、加权函数法、半解析半数值解法、离散元法、无限元法等计算方法的出现，为工程结构分析提供了更广阔的舞台，可以对更复杂的问题进行求解。从某种意义上说：数值计算解放了力学，使得普通工程师和学者也有机会从事复杂的力学分析。数值计算是工程结构设计、施工、科研与咨询活动中必不可少的手段。数值计算与实验互补，甚至可替代实验无法完成的工作。

1.3　有限元基本理论

有限元法是随着电子计算机的使用而发展起来的一种有效的数值计算方法。结构矩阵分析方法认为，整体结构可以看作是由有限个力学小单元相互连接而组成的集合体，每个小单元可以比作建筑中的砖瓦，通过分析单元获得的力学特性组装起来就提供了整体结构（建筑物）的力学特性。为什么要首先分析力学小单元的特性呢？为什么不能直接分析整体结构？人类的认识能力是有限的，多数情况下不可能一下子就弄清楚很复杂的东西，因此往往把复杂系统分解成形态较简单的单个元件（单元），通过研究其形态，再将这些元件重构为原系统得到整体形态。这是工程技术人员和科学家经常采用的分析问题的方法。

有限元法即表现出这种分析方法的特征。将一个物体划分成由多个单元（有限单元）组成的等价系统，这些单元以多个节点相互连接，或与边界线（或表面）相互连接，这个过程叫离散化。有限元法代替一次求解对应整体结构的问题，通过建立每一个有限单元的方程，并组合这些方程从而得出对应整个问题的解答。

电子计算机的出现和其性能的提高使得求解离散系统问题变得容易起来，即使对于连续系统，只要其离散单元的数目选择合适也是如此。工程中处理连续体问题的方法一般是将连续系统离散化，利用计算机进行计算处理。这种离散仍带有近似性，但当离散变量数目很大时，离散系统的分析结构可以逼近真实连续解。

1.4 有限元法应用特点

有限元法适应性强，应用范围广。有限元法可以用来求解工程中绝大多数的复杂问题，如复杂结构形状问题，复杂边界条件问题，非均质、非线性材料问题，动力学问题等。有限元法便于编制计算机程序，这是由于有限元法计算过程规范，可以充分利用数字计算机的优势。目前，国内外开发出了众多的通用有限元程序，比如 SAP 系列、ADINA、ANSYS、MARC、ABAQUS 等软件，可以利用这些商业软件进行数值分析工作。这些通用程序的编制与推广，给解决工程技术问题提供了极大的方便。

1.4.1 计算机辅助工程

计算机辅助工程（Computer Aided Engineering，CAE）技术的提出就是要把工程的各个环节有机地组织起来，其关键就是将有关的信息集成，使其产生并存在于工程的整个生命周期中。因此，CAE 系统是一个包括了相关人员、技术、经营管理及信息流和物流的有机集成且优化运行的复杂系统。随着计算机技术及应用的迅速发展，特别是大规模、超大规模集成电路和微型计算机的出现，计算机图形学（Computer Graphics，CG）、计算机辅助设计（Computer Aided Design，CAD）与计算机辅助制造（Computer Aided Manufacturing，CAM）等新技术得以迅猛发展。CAD、CAM 已经在电子、造船、航空、航天、机械、建筑、汽车等各个领域中得到了广泛的应用，成为最具有生产潜力的工具，展现了光明的前景，取得了巨大的经济效益。计算机辅助技术已经成为现代设计方法的主要手段和工具。

计算机辅助工程分析方法和软件是关键的技术要素之一。计算机辅助工程作为一项跨学科的数值模拟分析技术，越来越受到科技界和工程界的重视。许多大型的 CAE 分析软件已相当成熟并已商品化。计算机模拟分析不仅在科学研究中被普遍采用，而且在工程上也已达到了实用化阶段。

采用 CAD 技术来建立 CAE 的几何模型和物理模型，完成分析数据的输入，通常称此过程为 CAE 的前处理。同样，CAE 的结果也需要用 CAD 技术生成形象的图形输出，如生成位移、应力、温度、压力分布的等值线图，表示应用、温度、压力分布的彩色明暗图，以及随机械荷载和温度荷载变化生成位移、应力、温度、压力等分布的动态显示图。

1.4.2 CAE 主要版块

（1）前处理模块——实体建模与参数化建模，构件的布尔运算，单元自动剖分，节点自动编号与节点参数自动生成，荷载与材料参数直接输入、公式参数化导入，节点荷载自动生成，有限元模型信息自动生成等。

（2）有限元分析模块——有限单元库，材料库及相关算法，约束处理算法，有限元系统组装模块，静力、动力、振动、线性与非线性解法库。大型通用题的物理、力学和数学特征，可被分解成若干个子问题，由不同的有限元分析子系统完成。一般有如下子系统：线性静力分析子系统、动力分析子系统、振动模态分析子系统、热分析子系统等。

（3）后处理模块——有限元分析结果的数据平滑，各种物理量的加工与显示，针对工程或产品设计要求的数据检验与工程规范校核，设计优化与模型修改等。

CAE 主要版块见图 1-2。

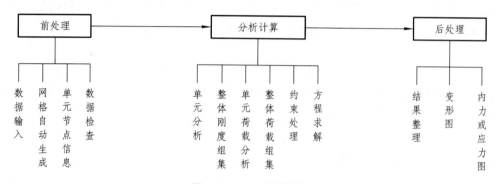

图 1-2　CAE 主要版块

随着我国科学技术现代化水平的提高，计算机辅助工程技术也在我国蓬勃发展起来。政府的主管部门和科技界已经认识到计算机辅助工程技术对提高我国科技水平，增强我国企业的市场竞争能力乃至整个国家的经济建设都具有重要意义。近年来，我国的 CAE 技术研究开发和推广应用在许多行业和领域已取得了一定的成绩。但从总体来看，我国的 CAE 技术研究和应用的水平还不能说很高，某些方面与发达国家相比仍存在不小的差距；从行业和地区分布方面来看，发展也还很不平衡。

1.5　软件介绍

在土木工程领域，CAE 软件程序主要可分为两大类：一类是可以针对各类工程结构物理、力学性能进行分析、模拟和预测、评价和优化，甚至可以完成结构与流场以及结构与温度场的耦合计算分析，以实现技术创新的软件，称为通用 CAE 程序，以 ANSYS、ABAQUS、MARC、ADINA 等程序为代表；另一类则是面向实际工程使用的设计类 CAE 程序，一般是以相关的结构设计规范为依据，主要功能是对工程结构进行设计、验算、优化以及出图等，其在建模能力、单元及材料类型的数量、边界形式的丰富性、非线性求解能力等方面较第一类 CAE 程序略显逊色，但由于其具备较强的针对性和相对较低的理论门槛，在设计行业拥有更为广泛的使用人群。

目前，ABAQUS、ANSYS、NASTRAN 等大型通用有限元分析软件已经引进我国，在汽车、航空、机械、材料等许多行业得到了应用，而且我们在某些领域的应用水平并不低。不少大型工程项目也采用了这类软件进行分析。我国已经拥有一批科技人员在从事 CAE 技术的研究和应用，取得了不少研究成果和应用经验，这使我们在 CAE 技术方面紧跟现代科学技术的发展。但是，这些研究和应用的领域以及分布的行业和地区还很有限，现在还主要局限于少数具有较强经济实力的大型企业、部分大学和研究机构。

我国的工业界在 CAE 技术的应用方面与发达国家相比水平还比较低。大多数的工业企业对 CAE 技术还处于初步的认同阶段，CAE 技术的工业化应用还有相当的难度。这是因为，一方面，我们缺少自己开发的具有自主知识产权的计算机分析软件；另一方面，掌握 CAE 技术的科技人员大量缺乏。人才的培养需要一个长期的过程，这将是对我国 CAE 技术的推广应用产生严重影响的一个制约因素，而且很难在短期内有明显的改观。提高我国工业企业的科学技术水平，将 CAE 技术广泛应用于工程分析的全过程还是一项相当艰巨的工作。

定性和定量是相辅相成的两个方面，许多解题方法和简化算法是以反映结构性态本质的定性知识为基础的，许多定性概念则往往是在多次定量计算中重复出现后才被总结出来的，这就要借助计算机高速运算的功能来完成。也就是说，定性分析与计算机应用——理论—实践——而后形成规律的过程，是从假说或猜想中产生再经过试验或理论推演以证明其正确与否的过程。

同时，数值方法的弱点是就事论事，且计算机程序对应用者而言具有黑箱效果，所以工程师要善于对结构的性态作定性分析和近似估算，以便对计算机提供的数值成果的可靠性给出应有的评价。由此可知，结构受力的定性分析与计算机方法是现代结构力学中密不可分的两个方面。

2 有限元法原理介绍

2.1 有限元法概述

有限元法是将弹性力学、计算数学和计算软件相结合从而求解非线性问题的现代计算方法。它的实质是将结构划分为有限多个简单的单元，通过化整为零，再集零为整的思想对复杂问题进行求解。

在求解工程技术问题时，许多力学问题无法求得解析解，因此通过寻求近似解法来给出数值解答。力学中常用的数值解法为有限差分法和有限元法。

有限差分法是首先建立问题的基本微分方程，然后将微分方程化为差分方程（代数方程）求解，这是一种数学上的近似。有限差分法能处理一些物理机理相当复杂而形状比较规则的问题，但对于几何形状不规则或者材料不均匀以及复杂边界条件的情况，应用有限差分法就非常困难，因而有限差分法有很大的局限性。

有限元法把一个连续体划分为有限个微小的单元，单元体通过节点连接，从而把一个具有无限个自由度的连续体简化为有限个自由度的近似数学模型，从而进行类似于结构分析的求解。

有限元法具有以下特点：

（1）以简单逼近复杂，即把原本复杂的求解区域离散为一个一个的单元，在简单的单元中建立公式，然后再合成一个总体，由此逼近真实解。

（2）采用矩阵形式表达，便于编制计算机程序。

（3）适合求解几何形状复杂的问题。

（4）适应性强、运用范围很广，从弹性力学平面问题到空间问题、板壳问题，从静力平衡问题到动力分析，从固体力学到流体力学，从航空问题到土木工程、机械制造，等等。

有限元法应用范围主要包括线性静力分析、动态分析、热分析、流场分析、电磁场计算、非线性分析、过程仿真。

利用有限元法进行分析计算一般分为三个步骤：

（1）对结构进行离散。离散就是将一个连续的结构划分为有限个单元，从而使连续体转换为由有限个单元组成的组合体。单元与单元之间仅通过节点连接。也就是说，一个单元上的力只能通过节点传递到相邻单元。一般来说，单元划分越细，计算越精确，但计算量越大。因此，有限元分析中的结构已不是原来的结构，而是具有同种材料，由许多单元以一定方式连接起来的离散体。

（2）进行单元分析，其主要目的是建立单元刚度矩阵和单元特性方程。单元分析包括下面三个内容：

① 确定单元的位移函数。

对于位移型有限元法，单元的位移方法就是将单元中任意一点的物理量如位移、应力、应变等用单元的节点位移来计算，而单元位移可以表示成节点位移的函数。位移函数选取是否合理，直接影响到有限元分析的可靠性、计算精度以及效率。

② 分析单元的力学特性。

在建立了单元的位移函数后，就可以根据几何方程和物理方程求得单元应力和应变。根据应力、应变、位移之间的关系，利用虚位移原理或最小势能原理，建立单元杆端力和杆端位移之间的关系，从而得到单元刚度矩阵。

③ 计算等效节点力。

结构离散化后，将力等效为通过节点从一个单元传递到另一个单元。但在实际的连续体中，力是从单元的公共边界传递的，因而这种作用在单元边界上的表面力、体积力或集中力都需要等效地移到节点上去，也就是用等效的节点力来代替所有作用在单元上的力。

（3）进行整体分析。

确定每个单元的单元刚度方程后，可以将各单元集合成整体结构进行分析，建立起表示整个结构的整体刚度方程。然后引入结构的边界条件，对方程组进行求解，得到节点位移。再采用选定的节点位移，计算各单元内非节点处的应力和变形。

本章将以平面应力问题的静力分析为例介绍有限元的基本概念和原理。

2.2　结构离散化

2.2.1　离散化概念

结构离散是进行有限元分析的第一步，即把实际问题的整体求解分割为有限个基本单元，单元与单元之间仅通过节点连接，一个单元的力只能通过节点传递给另一个单元。可以通过有限个互不重叠的线段、三角形、四边形或多面体来分割求解区域。拆分单元数量越多，拆分越细，则越逼近原连续体的求解域。

从几何上看，外形复杂的结构采用传统的力学知识无法进行求解，采用简单的单元划分，可以逼近原连续体的求解域；从数学意义上来看，一个连续域可以拆分为有限个子域，每个子域的场函数只包含有限个参数的简单场函数，用这些子域的场函数的集合就能近似代表整个连续域的场函数。

2.2.2　离散化单元类型

用于离散求解区域的单元类型大致包含以下几类：

（1）一维线性单元，如图 2-1 所示。

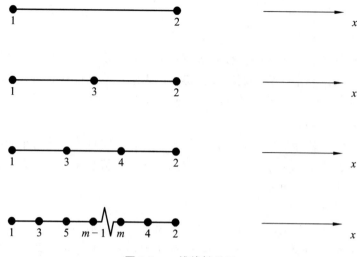

图 2-1　一维线性单元

（2）平面问题常用单元为 3 节点三角形单元，这是最简单且运用最广泛的单元类型，如图 2-2。此外还有 6 节点和 10 节点三角形单元。除了三角形单元，平面问题单元还有长方形和一般四边形单元。

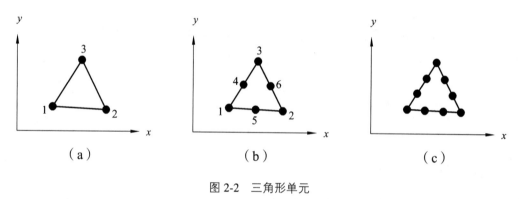

图 2-2　三角形单元

（3）三维单元有四面体单元和正六面体单元，如图 2-3。

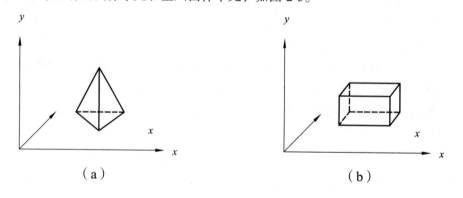

图 2-3　四面体单元和正六面体单元

图 2-4 是将一平面结构划分为 3 节点三角形单元的过程。

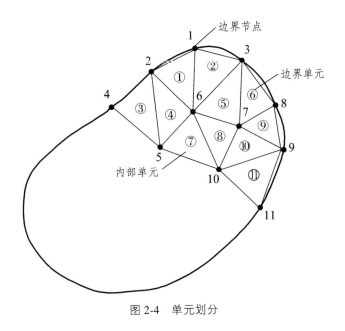

图 2-4 单元划分

2.3 单元位移函数的选取

2.3.1 选取位移函数

采用有限元法分析实际问题的第二步是选择单元位移函数。求解区域离散化后，重点是分析单元的力学特性，也就是确定单元节点力和节点位移之间的关系。首先要对单元的场变量分布作一定的假设，假设位移是坐标的某种函数，这种函数也就是位移函数。

以平面问题中的三角形 3 节点单元为例，单元内的位移分布是关于 x 和 y 的函数，由于三角形有 3 个节点，每个节点有两个位移（ x 和 y 方向），因此总共有 6 个自由度。在有限元中，当单元划分得足够小时，把位移函数设定为简单的多项式时就可以获得相当高的精度，因此三角形 3 节点单元的位移函数可以写成具有 6 个待定系数的多项式。

在假定位移函数时，必须遵从以下两个要求：

① 它在节点上的值等于节点位移。

② 它所采用的函数必须保证有限元解收敛于真实解。

对于平面问题，位移函数的一般形式为多项式（2-1）：

$$\left. \begin{array}{l} u(x,y) = \alpha_1 + \alpha_2 x + \alpha_3 y + \alpha_4 x^2 + \alpha_5 xy + \alpha_6 y^2 + \mathrm{L} + \alpha_m y^n \\ v(x,y) = \alpha_{m+1} + \alpha_{m+2} x + \alpha_{m+3} y + \alpha_{m+4} x^2 + \alpha_{m+5} xy + \alpha_{m+6} y^2 + \mathrm{L} + \alpha_{2m} y^n \end{array} \right\} \quad (2\text{-}1)$$

式中 $m = \sum\limits_{i=1}^{n+1} i, \alpha_1, \alpha_2, \mathrm{L}\ \alpha_{2m}$ 为待定系数，也称广义坐标。因此，位移函数的这种描述称为广义坐标形式。

2.3.2　三角形单元位移函数

多项式的项数越多，逼近精度越高。项数由单元自由度决定，以 3 节点三角形单元为例，它有 6 个自由度，可以确定 6 个待定系数，因此这种三角形单元位移函数为：

$$\left.\begin{aligned} u(x,y) &= \alpha_1 + \alpha_2 x + \alpha_3 y \\ v(x,y) &= \alpha_4 + \alpha_5 x + \alpha_6 y \end{aligned}\right\} \tag{2-2}$$

式（2-2）为线性多项式，称为线性位移函数，相应的单元称为线性单元。

由于节点 i、j、m 在单元上，它们的位移自然也就满足位移函数（2-2）。设 3 个节点的位移值分别为 (u_i, v_i)、(u_j, v_j)、(u_m, v_m)，如图 2-5。

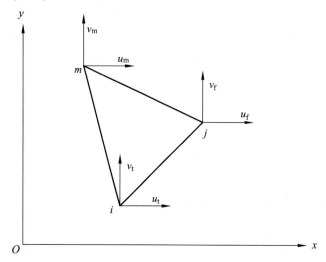

图 2-5　三角形三节点单元

将节点位移和节点坐标代入式（2-2）得（以第一个方程为例）：

$$\left.\begin{aligned} u_i &= \alpha_1 + \alpha_2 x_i + \alpha_3 y_i \\ u_j &= \alpha_1 + \alpha_2 x_j + \alpha_3 y_j \\ u_m &= \alpha_1 + \alpha_2 x_m + \alpha_3 y_m \end{aligned}\right\} \tag{2-3}$$

式（2-3）中共有 3 个方程，可以求出 3 个待定系数：

$$\alpha_1 = \frac{1}{2A}\left[(x_j y_m - x_m y_j)u_i + (x_m y_i - x_i y_m)u_j + (x_i y_j - x_j y_i)u_m\right]$$

$$\alpha_2 = \frac{1}{2A}\left[(y_j - y_m)u_i + (y_m - y_i)u_j + (y_i - y_j)u_m\right]$$

$$\alpha_3 = \frac{1}{2A}\left[(x_m - x_j)u_i + (x_i - x_m)u_j + (x_j - x_i)u_m\right]$$

式中　$A = \dfrac{1}{2}\begin{vmatrix} 1 & x_i & y_i \\ 1 & x_j & y_j \\ 1 & x_m & y_m \end{vmatrix}$　为三角形单元的面积。

以上各式中的括号内都为已知的节点坐标值。令：

$$a_i = x_j y_m - x_m y_j, \ b_i = y_j - y_m, \ c_i = x_m - x_j$$
$$a_j = x_m y_i - x_i y_m, \ b_j = y_m - y_i, \ c_j = x_i - x_m$$
$$a_m = x_i y_j - x_j y_i, \ b_m = y_i - y_j, \ c_m = x_j - x_i$$

那么 $\alpha_1 \sim \alpha_3$ 的值简写为：

$$\left.\begin{aligned}
\alpha_1 &= \frac{1}{2A}\left(a_i u_i + a_j u_j + a_m u_m\right) \\
\alpha_2 &= \frac{1}{2A}\left(b_i u_i + b_j u_j + b_m u_m\right) \\
\alpha_3 &= \frac{1}{2A}\left(c_i u_i + c_j u_j + c_m u_m\right)
\end{aligned}\right\} \quad （2\text{-}4）$$

将式（2-4）代入式（2-2），便可得到用节点坐标和节点位移表示的位移函数式：

$$u = \frac{1}{2A}\left[\left(a_i + b_i x + c_i y\right)u_i + \left(a_j + b_j x + c_j y\right)u_j + \left(a_m + b_m x + c_m y\right)u_m\right] \quad （2\text{-}5）$$

为书写方便，引入表达式：

$$\left.\begin{aligned}
N_i &= \frac{1}{2A}\left(a_i + b_{ix} + c_i y\right) \\
N_j &= \frac{1}{2A}\left(a_j + b_{jx} + c_j y\right) \\
N_m &= \frac{1}{2A}\left(a_m + b_{mx} + c_m y\right)
\end{aligned}\right\} \quad （2\text{-}6）$$

式中 N_i、N_j、N_m 称为形函数，它们是坐标的函数，与节点坐标有关，与节点位移无关。

因此，式 u、v 表达式可以写为：

$$\left.\begin{aligned}
u &= N_i u_i + N_j u_j + N_m u_m \\
v &= N_i v_i + N_j v_j + N_m v_m
\end{aligned}\right\} \quad （2\text{-}7）$$

以矩阵表示为：

$$\{d\} = \begin{Bmatrix} u \\ v \end{Bmatrix} = \begin{bmatrix} N_i & 0 & N_j & 0 & N_m & 0 \\ 0 & N_i & 0 & N_j & 0 & N_m \end{bmatrix} \begin{Bmatrix} u_i \\ v_i \\ u_j \\ v_j \\ u_m \\ v_m \end{Bmatrix} = [N]\{q\}^e \quad （2\text{-}8）$$

式中 $[N] = \begin{bmatrix} N_i & 0 & N_j & 0 & N_m & 0 \\ 0 & N_i & 0 & N_j & 0 & N_m \end{bmatrix}$ 称为形函数矩阵；

$\{q\}^e = \begin{bmatrix} u_i & v_i & u_j & v_j & u_m & v_m \end{bmatrix}^{\mathrm{T}}$ 为单元节点位移矩阵。

式（2-7）、（2-8）就是单元位移的插值表达式，它表明只要知道了节点位移，就可通过形函数插值求出单元内任意一点的位移。换言之，节点位移通过形函数控制了整个单元的位移分布。

2.3.3　位移函数和形函数性质

位移函数应满足以下条件：

（1）包含常数项，也就是单元刚体位移。单元内各点的位移通常包含两部分：一是单元自身变形引起的位移；二是其他单元变形时通过节点传递而来的位移，即刚体位移。刚体位移和点的位置无关，因此需要使用常数项来描述此位移。例如，在靠近悬梁的自由端处，单元的应变很小，其位移主要是由于其他单元变形而引起的刚体位移。

（2）包含一次项，也就是单元的常应变。单元内各点的应变包含两部分：一部分是与该单元中各点的位置坐标有关的变应变；另一部分则是与位置坐标无关的常应变。对于小变形问题或者当单元尺寸缩小时，单元内各点的应变趋于相同，此时主要为常应变。为了反映这种应变状态，位移函数应当包含一次项，因为一次项求导为常数。

（3）保证位移的连续性。弹性体实际变形时各点位移是连续的，内部不会出现材料的裂隙和重叠，因此离散后的结构也应该连续。对于多项式位移函数，它在单元内部的连续性是自然满足的，关键是单元之间的连续性，也就是变形后单元之间既不脱离也不重叠。

满足以上三个原则是为了满足有限元解的收敛性。第（1）、（2）项条件是有限元解收敛的必要条件，也称完备条件，满足这种条件的单元称为完备单元。第（3）项条件是收敛的充分条件，又称协调条件，满足此条件的单元称为协调单元。但在某些梁、板壳分析中，要使单元满足条件（3）比较困难，实践中有使用只满足条件（1）、（2）的单元，其收敛性也是令人满意的。

下面总结一下形函数的性质。N_i 即 i 节点的形函数，是关于单元内任一点坐标（x, y）的函数，表示 i 节点发生单位位移而其他节点位移为零时的单元内部位移的分布情况。

一个单元的形函数应当满足以下条件：

（1）在节点 i 上有：$N_i(x, y) = 1$；

在其他节点上有：$N_i(x, y) = 0$。

例如一个 3 节点三角形单元有：

$$N_i(x_i, y_i) = 1, \ N_i(x_j, y_j) = N_i(x_m, y_m) = 0$$
$$N_j(x_j, y_j) = 1, \ N_j(x_i, y_i) = N_j(x_m, y_m) = 0$$
$$N_m(x_m, y_m) = 1, \ N_m(x_i, y_i) = N_m(x_j, y_j) = 0$$

（2）一个单元中所有形函数之和为 1，即 $\sum_{i=1}^{n} N_i = 1$，例如一个 3 节点三角形单元有：

$$N_i(x, y) + N_j(x, y) + N_m(x, y) = 1$$

形函数的两个基本特征可以用来检验某种单元形函数的正确性。需要建立某种新单元时，形函数必须满足上述两种特性。

2.4　分析单元

有了推导出的位移函数和形函数，就可以进一步导出单元的几何矩阵、应力矩阵和单元刚度矩阵以及外力等效节点力。单元的分析是为了建立单元的刚度矩阵，建立刚度矩阵的方法有直接刚度法、虚功原理法、能量变分法、加权参数法。其中，直接刚度法是直接应用物理概念来建立单元的有限元方程和分析单元特性的一种方法。这一方法仅适用于简单形状的单元，例如梁单元。下面利用变分原理中的虚位移原理来建立单元的刚度矩阵。

前面已经推导了用 3 个节点的坐标和位移表示单元内各点的位移：

$$\{d\} = \begin{Bmatrix} u \\ v \end{Bmatrix} = \begin{bmatrix} N_i & 0 & N_j & 0 & N_m & 0 \\ 0 & N_i & 0 & N_j & 0 & N_m \end{bmatrix} \begin{Bmatrix} u_i \\ v_i \\ u_j \\ v_j \\ u_m \\ v_m \end{Bmatrix} = [N]\{q\}^e$$

对单元来说，节点力是通过节点作用于单元的外力。假设单元各节点有虚位移，那么单元内存在虚应变。设作用在单元节点上的力为 F_i、F_j、F_m，则单元节点力列阵为：

$$\{F\}^e = \begin{Bmatrix} F_i & F_j & F_m \end{Bmatrix}^\mathrm{T} = \begin{Bmatrix} F_{ix} & F_{iy} & F_{jx} & F_{jy} & F_{mx} & F_{my} \end{Bmatrix}^\mathrm{T}$$

节点力在节点虚位移上做的虚功等于单元内部应力在虚应变上做的虚功。单元在节点处发生虚位移，产生相应的虚应变：

$$\{\delta q\}^e = \begin{Bmatrix} \delta u_i & \delta v_i & \delta u_j & \delta v_j & \delta u_m & \delta v_m \end{Bmatrix}^\mathrm{T}$$

$$\{\delta \varepsilon\}^e = \begin{Bmatrix} \delta \varepsilon_x & \delta \varepsilon_y & \delta v_{xy} \end{Bmatrix}^\mathrm{T}$$

节点力在虚位移上所做的虚功为：

$$\delta W = \delta u_i F_{ix} + \delta v_i F_{iy} + \delta u_j F_{jx} + \delta v_j F_{jy} + \delta u_m F_{mx} + \delta v_m F_{my} = \{\delta q\}^{eT}\{F\}^e \tag{2-9}$$

单元内储能的应变能为：

$$\delta U = \iint \{\delta \varepsilon\}^\mathrm{T} \{\sigma\} t \mathrm{d}x\mathrm{d}y$$

式中　t 为厚度。

且节点位移仅与节点坐标有关，因此

$$\delta U = \iint \{\delta q\}^{e\mathrm{T}} [B]^{\mathrm{T}} \{\sigma\} t\mathrm{d}x\mathrm{d}y = \{\delta q\}^{e\mathrm{T}} \iint [B]^{\mathrm{T}} \{\sigma\} t\mathrm{d}x\mathrm{d}y \qquad (2\text{-}10)$$

其中 $\qquad \{\delta\varepsilon\} = [B]\{\delta q\}^e$，$\quad \{\delta\varepsilon\}^{\mathrm{T}} = \{\delta q\}^{e\mathrm{T}} [B]^{\mathrm{T}}$

根据虚位移原理可知外力虚功等于内力虚功：

$$\{\delta q\}^{e\mathrm{T}} \{F\}^e = \{\delta q\}^{e\mathrm{T}} \iint [B]^{\mathrm{T}} \{\sigma\} t\mathrm{d}x\mathrm{d}y$$

消去 $\{\delta q\}^{e\mathrm{T}}$，则有

$$\{F\}^e = \iint [B]^{\mathrm{T}} \{\sigma\} t\mathrm{d}x\mathrm{d}y \qquad (2\text{-}11)$$

由于三角形单元为常应变-常应力单元，且厚度 t 也为常数，设单元面积为 A，则式（2-11）可写作：

$$\{F\}^e = [B]^{\mathrm{T}} \{\sigma\} t\iint \mathrm{d}x\mathrm{d}y = [B]^{\mathrm{T}} [D][B]\{q\}^e tA \qquad (2\text{-}12)$$

简写为

$$\{F\}^e = [k]^e \{q\}^e \qquad (2\text{-}13)$$

式中 $\qquad [k]^e = [B]^{\mathrm{T}} [D][B]tA \qquad (2\text{-}14)$

就是要求的单元刚度矩阵。式（2-13）为表示单元节点力与节点位移关系的单元特性方程。

将平面应力问题中的弹性矩阵[D]、应变矩阵[B]的表达式代入式（2-14）中，可得单元刚度矩阵的分块表达式为：

$$[k]^e = \begin{bmatrix} k_{ii} & k_{ij} & k_{im} \\ k_{ji} & k_{jj} & k_{jm} \\ k_{mi} & k_{mj} & k_{mm} \end{bmatrix} \qquad (2\text{-}15)$$

其中 $\quad [D] = \dfrac{E}{1-\mu^2} \begin{bmatrix} 1 & \mu & 0 \\ \mu & 1 & 0 \\ 0 & 0 & \dfrac{1-\mu}{2} \end{bmatrix}$，称为平面应力问题的弹性矩阵；

$$[B] = \frac{1}{2A} \begin{bmatrix} b_i & 0 & b_j & 0 & b_m & 0 \\ 0 & c_i & 0 & c_j & 0 & c_m \\ c_i & b_i & c_j & b_j & c_m & b_m \end{bmatrix}$$，称为应变矩阵。

将式（2-15）代入式（2-13）并展开得：

$$\left. \begin{aligned} \{F_i\} &= [k_{ii}]\{q_i\} + [k_{ij}]\{q_j\} + [k_{im}]\{q_m\} \\ \{F_j\} &= [k_{ji}]\{q_i\} + [k_{jj}]\{q_j\} + [k_{jm}]\{q_m\} \\ \{F_m\} &= [k_{mi}]\{q_i\} + [k_{mj}]\{q_j\} + [k_{mm}]\{q_m\} \end{aligned} \right\} \qquad (2\text{-}16)$$

从式（2-16）可以看出，单元刚度矩阵每个分块阵的物理意义为：当在一个节点处产生单位位移而其他节点位移为零时，在该节点上需要的力的大小。例如 k_{ij} 表示在 j 节点产生单位位移、其他节点位移为零时，需要在 i 节点上施加的力。

$[k]^e$ 为奇异阵的物理意义：在无约束的条件下，单元可以作刚体运动。

2.5　总刚集成

前面我们已经通过单元分析得到了单元特性方程 $\{F\}^e = [k]^e \{q\}^e$，由于 $\{F\}^e$ 为单元间作用力，属于内力，因此还无法求解 $\{q\}^e$。通过将每个单元的特性方程集合，消除内力，最后只剩下外力，这个过程就是总刚集成。总刚集成的任务是将所有单元的刚度矩阵集合成为整个结构的刚度矩阵。

2.5.1　总刚度方程的建立

单元分析时已经对单元的每个节点建立了平衡方程。例如节点 i 的平衡方程是：

$$\{F_i\} = [k_{ii}]\{q_i\} + [k_{ij}]\{q_j\} + [k_{im}]\{q_m\} = \sum [k_{is}]\{q_s\}^e \quad (s = i, j, m) \qquad （2-17）$$

从式（2-17）可以看出，单元任意节点的位移都将导致节点 i 产生节点力，从而导致位移。因此节点 i 的节点力为所有节点位移引起的节点力的叠加。

由于每个节点通常为几个单元共有，因此节点上的节点力为所有单元引起的节点力之和。结构平衡也即节点平衡。假设作用在节点 i 上的载荷为 $\{R_i\}$，那么节点 i 处的平衡方程为：

$$\sum_e \{F_i\}^e = \{R_i\}$$

将式（2-17）代入上式，得

$$\sum_e \sum_{s=i,j,m} [k_{is}]\{q_s\}^e = \{R_i\}$$

那么，将此式扩展到整个结构：

$$\sum_{i=1}^n \sum_e \sum_{s=i,j,m} [k_{is}]\{q_s\}^e = \sum_{i=1}^n \{R_i\} \quad （n \text{ 为节点总数}）$$

简写为：

$$[K]\{q\} = \{R\} \qquad （2-18）$$

式（2-18）记为整个结构的平衡方程，称为有限元方程或刚度方程。

式中　$\{q\} = \{q_1, q_2, \mathrm{L}, q_n\}^\mathrm{T}$ 是所有节点的位移分量组成的列阵，称为节点位移列阵；

$\{R\} = \{R_1, R_2, \text{L}, R_n\}^T$ 是所有作用在节点上的荷载组成的列阵，称为节点荷载列阵；

$[K] = \sum_{i=1}^{n} \sum_{e} \sum_{s=i,j,m} [k_s]$ 是总刚矩阵，其中每个元素 k_{ij} 的物理意义和单刚元素相同，即在节点 j 发生单位位移而其他节点位移为零时，在节点 i 处产生的节点力。

下面举例说明总刚集成过程，如图 2-6。$[K] = \sum_{i=1}^{n} \sum_{e} \sum_{s=i,j,m} [k_s]$ 中第一个求和表示按节点编号顺序依次形成 $[K]$ 中的一行。比如节点 1，它通过单元①与节点 2、3 直接相关，但和节点 4、5、6 不直接相关，因此 $k_{14} = k_{15} = k_{16} = 0$，$k_{11} = k_{11}^1$，$k_{12} = k_{12}^1$，$k_{13} = k_{13}^1$，其中上标表示单元编号。

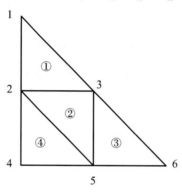

图 2-6　总刚形成

对于节点 2，它与除了节点 6 之外的所有节点相关。例如它和节点 3 通过单元①、②相关，当节点 3 产生位移时，它将通过单元①、②在节点 2 处产生节点力，因此 $k_{23} = k_{23}^1 + k_{23}^2 = k_{23}^{1+2}$。同理可以得到其他总刚元素。

按照以上方法形成节点 3、4、5、6 的刚阵元素，得到总刚矩阵：

$$[K] = \begin{bmatrix} k_{11}^1 & k_{12}^1 & k_{13}^1 & 0 & 0 & 0 \\ k_{21}^1 & k_{22}^{1+2+4} & k_{23}^{1+2} & k_{24}^4 & k_{25}^{2+4} & 0 \\ k_{31}^1 & k_{32}^{1+2} & k_{33}^{1+2+3} & 0 & k_{35}^{2+3} & k_{36}^3 \\ 0 & k_{42}^4 & 0 & k_{44}^4 & k_{45}^4 & 0 \\ 0 & k_{52}^{2+4} & k_{53}^{2+3} & k_{54}^4 & k_{55}^{2+3+4} & k_{56}^3 \\ 0 & 0 & k_{63}^3 & 0 & k_{65}^3 & k_{66}^3 \end{bmatrix}$$

2.5.2　总刚矩阵的特点

总刚矩阵 $[K]$ 具有对称性、稀疏性和带状性以及奇异性的特点。

（1）对称性。由于总刚矩阵由单元矩阵叠加而成，因此它和单元矩阵一样具有对称性。

（2）稀疏性。从前面总刚矩阵方程的推导可以看出，对应于某一节点的矩阵元素中，与该节点无关的节点所对应的元素为零。因此将结构离散后总刚矩阵中存在大量的零元素，这种矩阵称为稀疏阵。

（3）带状性。总刚度矩阵的零元素分布在主对角元素附近，这种分布特性称为带状分布。

（4）奇异性。当结构约束不足或者不加任何约束时，总刚矩阵为奇异阵。

2.6　求解等效节点荷载、处理约束

前面我们求解得到了结构平衡方程 $[K]\{q\}=\{R\}$，$\{R\}$ 代表节点荷载，但在实际情况下，荷载包括集中力、面力、体力。需要将上述荷载等效成节点荷载。荷载等效遵循能量等效原理，也就是原荷载和等效节点荷载在虚位移上做的虚功相等。荷载等效在结构的局部区域内进行，根据圣维南原理，这种等效可能在局部区域内带来误差，但并不会影响整体结构的力学性质。

将荷载等效后，接下来就是考虑结构的约束。当结构不受约束时或者约束不足时，$[K]$ 是奇异阵，因此结构平衡方程将有无穷多个解，为了求出位移解，就必须施加足够的几何约束，排除结构刚体运动。处理方法有两种：一是边界位移为零的处理方法；二是边界位移为已知值的处理方法。对于有限元模型，引入边界条件的正确性对计算结果的合理性十分重要。

常用的引入边界条件的处理方法有三种，即降阶法、对角元素置换法、对角元素乘大数法。

2.7　求解总体方程

对矩阵 $[K]$、$\{R\}$ 进行约束处理之后，原刚度方程改写为：

$$\left[\bar{K}\right]\{q\}=\left\{\bar{R}\right\}$$

式中　$\left[\bar{K}\right]$、$\{\bar{R}\}$ 为经约束处理后的总刚矩阵和荷载矩阵。利用适当的数值方法就可以求解出 $\{q\}$，从而反过来求解出单元上任意一点的位移和单元应力应变。

2.8　杆系有限元

杆件分为桁杆和梁。桁杆组成的杆系为桁架，梁组成的杆系称为刚架。桁架分为平面桁架和空间桁架，刚架也同样分为平面刚架和空间刚架。下面以平面刚架为例介绍杆系有限元的分析步骤。

2.8.1　结构离散化

采用梁单元将平面刚架离散为一个在节点处刚结的自由受力体，各梁单元有各自的局部坐标系。由于结构的平衡方程是在整体坐标系中建立求解的，因此在后面需要将各单元的各个量转换到整体坐标系中。

2.8.2 单元分析

刚架杆单元处理为梁单元，包含两个节点，每个节点有 3 个自由度，包括 2 个平动自由度和 1 个转动自由度，即 $\bar{u}$、$\bar{v}$、$\bar{\theta}$，如图 2-7 所示。

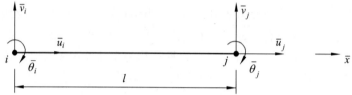

图 2-7　两节点六自由度梁单元

本章下文作如下约定：符号中有上画线的表示的是局部坐标系中的物理量，没有上画线的表示的是整体坐标系中的物理量。单元位移函数如式（2-19）：

$$\left.\begin{aligned} \bar{u} &= \alpha_1 + \alpha_2 \bar{x} \\ \bar{v} &= \alpha_3 + \alpha_4 \bar{x} + \alpha_5 \bar{x}^2 + \alpha_6 \bar{x}^3 \end{aligned}\right\} \tag{2-19}$$

将节点 i、j 的位移和坐标值代入式（2-19），可以求得广义坐标 $\alpha_1, \alpha_2, \cdots, \alpha_6$。因此用节点位移表示单元位移函数为：

$$\left.\begin{aligned} \bar{u} &= \overline{N}_1 \bar{u}_i + \overline{N}_4 \bar{u}_j \\ \bar{v} &= \overline{N}_2 \bar{v}_i + \overline{N}_3 \bar{\theta}_i + \overline{N}_5 \bar{v}_j + \overline{N}_6 \bar{\theta}_j \end{aligned}\right\} \tag{2-20}$$

简写为：

$$\{\bar{d}\} = \left\{ \begin{matrix} \bar{u} \\ \bar{v} \end{matrix} \right\} = \overline{N}_i \bar{q}_i + \overline{N}_j \bar{q}_j = [\overline{N}]\{q\}^e \tag{2-21}$$

式中　$[\overline{N}]$ 为形函数矩阵；$\{q\}^e$ 为单元节点位移列阵。

形函数矩阵写作：

$$[\overline{N}] = [\overline{N}_i \quad \overline{N}_j]$$

其中

$$N_i = \begin{bmatrix} \overline{N}_1 & 0 & 0 \\ 0 & \overline{N}_2 & \overline{N}_3 \end{bmatrix}$$

$$N_j = \begin{bmatrix} \overline{N}_4 & 0 & 0 \\ 0 & \overline{N}_5 & \overline{N}_6 \end{bmatrix}$$

其中形函数表达式为：

$$\overline{N}_1 = 1 - \frac{\overline{x}}{l}$$

$$\overline{N}_2 = 1 - \frac{3}{l^2}\overline{x}^2 + \frac{2}{l^3}\overline{x}^3$$

$$\overline{N}_3 = -\overline{x} + \frac{2}{l}\overline{x}^2 - \frac{1}{l^2}\overline{x}^2$$

$$\overline{N}_4 = \frac{\overline{x}}{l}$$

$$\overline{N}_5 = \frac{3}{l^2}\overline{x}^2 - \frac{2}{l^3}\overline{x}^3$$

$$\overline{N}_6 = \frac{1}{l}\overline{x}^2 - \frac{1}{l^2}\overline{x}^3$$

单元的节点位移向量 $\{\overline{q}\}^e$ 为：

$$\{\overline{q}\}^e = \left\{ \frac{\overline{q}_i}{\overline{q}_j} \right\}$$

式中

$$\{\overline{q}_i\} = \left\{ \begin{matrix} \overline{u}_i \\ \overline{v}_i \\ \overline{\theta}_i \end{matrix} \right\}, \quad \{\overline{q}_j\} = \left\{ \begin{matrix} \overline{u}_j \\ \overline{v}_j \\ \overline{\theta}_j \end{matrix} \right\}$$

忽略杆件的剪切应变变形，单元应变包含两个：轴向变形和弯曲变形。即

$$\overline{\varepsilon} = \left\{ \frac{\overline{\varepsilon}_x}{\overline{\kappa}_x} \right\} = \left\{ \begin{matrix} \dfrac{\mathrm{d}u}{\mathrm{d}x} \\ \dfrac{\mathrm{d}^2 v}{\mathrm{d}x^2} \end{matrix} \right\} = [\overline{B}]\{\overline{q}\}^e = [\overline{B}_i \quad \overline{B}_j]\{\overline{q}\}^e$$

式中

$$\overline{B}_i = \begin{bmatrix} a_i & 0 & 0 \\ 0 & b_i & c_i \end{bmatrix} \qquad \overline{B}_j = \begin{bmatrix} a_j & 0 & 0 \\ 0 & b_j & c_j \end{bmatrix}$$

$$\left. \begin{matrix} a_i = -a_j = -\dfrac{1}{l} \\[2mm] b_i = -b_j = \dfrac{12}{l^3}\overline{x} - \dfrac{6}{l^2} \\[2mm] c_i = \dfrac{4}{l} - \dfrac{6}{l^2}\overline{x} \\[2mm] c_j = \dfrac{2}{l} - \dfrac{6}{l^2}\overline{x} \end{matrix} \right\} \qquad (2\text{-}22)$$

单元应力为：

$$\{\overline{\sigma}\} = \left\{ \frac{\overline{N}}{\overline{M}} \right\} = \left[\overline{D} \right] \overline{\varepsilon} = \left[\overline{D} \right] \left[\overline{B} \right] \{q\}^e$$

式中　$\left[\overline{D} \right] = \begin{bmatrix} EA & 0 \\ 0 & EI \end{bmatrix}$

$\overline{N}$、$\overline{M}$ 是杆的轴向力和弯矩；A、I 为杆的横截面积和截面惯性矩；E 为材料弹模。

局部坐标系中的单元刚度矩阵可以用虚位移原理来推导得到：

$$\left[\overline{k} \right]^e \{\overline{q}\}^e = \{\overline{R}\}^e \tag{2-23}$$

式中　$\left[\overline{k} \right]^e$ 为杆件在局部坐标系中的单元刚度矩阵：

$$\left[\overline{k} \right]^e = \int \left[\overline{B} \right]^{\mathrm{T}} \left[\overline{D} \right] \left[\overline{B} \right] \mathrm{d}\overline{x} = \int \begin{bmatrix} \overline{B}_i^{\mathrm{T}} \\ \overline{B}_j^{\mathrm{T}} \end{bmatrix} \left[\overline{D} \right] \begin{bmatrix} \overline{B}_i & \overline{B}_j \end{bmatrix} \mathrm{d}\overline{x} = \begin{bmatrix} \overline{k}_{ii} & \overline{k}_{ij} \\ \overline{k}_{ji} & \overline{k}_{jj} \end{bmatrix}$$

其中矩阵元素为：

$$\overline{k}_{st} = \int \left[\overline{B}_s^{\mathrm{T}} \right] \left[\overline{D} \right] \left[\overline{B}_t \right] \mathrm{d}\overline{x} = \int \begin{bmatrix} a_s & 0 \\ 0 & b_s \\ 0 & c_s \end{bmatrix} \begin{bmatrix} EA & 0 \\ 0 & EI \end{bmatrix} \begin{bmatrix} a_t & 0 & 0 \\ 0 & b_t & c_t \end{bmatrix} \mathrm{d}\overline{x}$$

$$= \int \begin{bmatrix} EAa_s a_t & 0 & 0 \\ 0 & EIb_s b_t & EIb_s c_t \\ 0 & EIc_s b_t & EIc_s c_t \end{bmatrix} \mathrm{d}\overline{x}$$

将（2-26）式代入上式计算，得到单元刚度矩阵为：

$$\left[\overline{k} \right]^e = \begin{bmatrix} \dfrac{EA}{l} & & & & & \\ 0 & \dfrac{12EI}{l^3} & & & 对 & \\ 0 & -\dfrac{6EI}{l^2} & \dfrac{4EI}{l} & & 称 & \\ -\dfrac{EA}{l} & 0 & 0 & \dfrac{EA}{l} & & \\ 0 & -\dfrac{12EI}{l^3} & \dfrac{6EI}{l^2} & 0 & \dfrac{12EI}{l^3} & \\ 0 & -\dfrac{6EI}{l^2} & \dfrac{2EI}{l} & 0 & \dfrac{6EI}{l^2} & \dfrac{4EI}{l} \end{bmatrix} \tag{2-24}$$

2.8.3　坐标转换

1. 单元节点位移和节点力的坐标转换

设任意平面向量 V（如平面梁单元的节点位移和节点力向量）在坐标系 oxy 中的分量为 V_x 和 V_y，如图 2-8 所示：

20

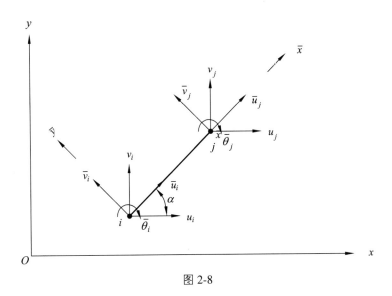

图 2-8

坐标转换：

$$\overline{V}_x = V_x \cos\alpha + V_y \sin\alpha$$
$$\overline{V}_y = -V_x \sin\alpha + V_y \cos\alpha$$
$$\overline{\theta} = \theta$$

写成矩阵为：

$$\{\overline{V}\} = \begin{Bmatrix} \overline{V}_x \\ \overline{V}_y \\ \overline{\theta} \end{Bmatrix} = \begin{bmatrix} \cos\alpha & \sin\alpha & 0 \\ -\sin\alpha & \cos\alpha & 0 \\ 0 & 0 & 1 \end{bmatrix} \begin{Bmatrix} V_x \\ V_y \\ \theta \end{Bmatrix}$$

因此平面梁单元的节点力和节点位移的坐标变换矩阵为：

$$[T_\alpha] = \begin{bmatrix} \cos\alpha & \sin\alpha & 0 \\ -\sin\alpha & \cos\alpha & 0 \\ 0 & 0 & 1 \end{bmatrix}$$

梁单元两节点的坐标矩阵合并后为：

$$[T]^e = \begin{bmatrix} \cos\alpha & \sin\alpha & 0 & & & \\ -\sin\alpha & \cos\alpha & 0 & & 0 & \\ 0 & 0 & 1 & & & \\ & & & \cos\alpha & \sin\alpha & 0 \\ & 0 & & -\sin\alpha & \cos\alpha & 0 \\ & & & 0 & 0 & 1 \end{bmatrix} \qquad （2\text{-}25）$$

总结为：

$$\{\overline{V}\} = [T]^e \{V\}$$

2. 单元刚度矩阵的坐标转换

假设总体坐标系中第 e 个单元的节点力列阵和节点位移列阵分别为 $\{R\}^e$、$\{q\}^e$，在局部坐标系中第 e 个单元的节点力和节点位移为 $\{\overline{R}\}^e$、$\{\overline{q}\}^e$，局部坐标系中单元刚度矩阵为 $\{\overline{k}\}^e$。

坐标转换表达式为：

$$\left.\begin{array}{l} \{\overline{R}\}^e = [T]^e \{R\}^e \\ \{\overline{q}\}^e = [T]^e \{q\}^e \end{array}\right\}$$

将上式代入式（2-25）得：

$$[T]^e [R]^e = \left[\overline{k}\right]^e [T]^e \{q\}^e$$

令

$$[k]^e = \left([T]^e\right)^{-1} \left[\overline{k}\right]^e [T]^e \tag{2-26}$$

则

$$[R]^e = [k]^e \{q\}^e \tag{2-27}$$

式（2-27）就是单元刚度矩阵的坐标转换式，$[k]^e$ 记为整体坐标系中第 e 个单元的刚度矩阵，它是一个对称矩阵。

2.8.4 总刚集成和总体方程求解

按照前面介绍的方法将各单元在总体坐标系中的刚度矩阵进行叠加得到结构的总刚度矩阵 $[K]$，再将各类荷载转换为等效节点荷载后进行叠加得到结构的节点荷载列阵 $\{R\}$。根据线性方程组 $\{R\} = [K]\{q\}$，求解出各个单元的节点位移 $\{q\}^e$，进而求得局部坐标系中的单元节点位移 $\{\overline{q}\}^e$，再求出单元任意点的位移以及单元应变和应力。

2.9 有限元法和矩阵位移法

结构力学的矩阵分析法是将矩阵数学应用到结构力学得来的，也就是在进行结构分析时，沿用传统结构力学的基本假定、基本原理和基本方法，但求解时使用矩阵形式。矩阵形式具有简洁、规范、易于排除错误的优点，因此有利于采用计算机编程进行求解，利于软件的开发。将结构力学中的力法、位移法分别同矩阵数学结合得到矩阵力法、矩阵位移法。相对力法而言，位移法具有基本结构位移和可以求解静定结构的优势，这些特点使得矩阵位移法更适用于进行结构分析软件的开发。

矩阵位移法的求解思路为：

第一步，离散结构为单元，进行单元分析。

第二步，将所有单元重新集合为结构，进行整体分析，建立刚度方程。

第三步，引入约束条件，求解结构刚度方程，从而求解结构的内力和其他力学参数。

有限单元法将矩阵位移法从以求解杆系结构为主扩展到求解任何类型结构。有限元法以弹性力学为基础，是一个解决场问题的近似方法。其本质是以简单逼近复杂，即把原本复杂的求解区域离散为一个一个的单元，在简单的单元中建立公式，在每个单元中寻找近似解，然后再合成一个总体，以此逼近真实解。

有限元法的求解思路与矩阵位移法类似：

第一步，对结构进行离散。离散就是将一个连续的结构分割为若干一定形状的单元，从而使连续体转换为由有限个单元组成的组合体。单元与单元之间仅通过节点连接，除此之外再没有其他连接。也就是说，一个单元上的力只能通过节点传递到相邻单元。一般来说，单元划分越细，描述变形情况越精确，即越接近实际变形，但计算量越大。所以，有限元分析中的结构已经不是原有的结构物，而是具有同种材料、由许多单元以一定方式连接起来的离散体，划分单元数足够且合理，则获得的解越接近精确解。

第二步，进行单元特性分析。单元特性分析就是将离散后的每个单元当作一个研究对象，研究节点位移与节点力之间的关系。单元分析包括三个内容：确定单元的位移模式；分析单元特性；计算等效节点力。

第三步，进行整体分析。确定每个单元的单元刚度方程后，可以将各单元集合成整体结构进行分析，建立起表示整个结构节点平衡的方程组，即整体刚度方程。然后引入结构的边界条件，对方程组进行求解，得到节点位移，进而求出各单元的内力和变形。

3 结构分析单元功能及特性

SAP2000 为面向对象的有限元软件。在建立 SAP2000 模型时，实际结构单元用对象来体现。其建模过程为：用图形界面画出对象的几何分布，通过指定荷载和属性到对象，程序再自动转换到单元上以建立分析模型。程序的对象主要包括以下四种：

（1）点对象，包含两类。

① 节点对象。在下面介绍的线对象、面对象、实体对象角部或端部自动建立，也可以显示加入支座或局部特征中。

② 对地（单点）连接对象。用来模拟特殊支座特性，例如分离器、阻尼、缝隙、分段线性构件等。

（2）线对象，包含两类。

① 框架/索对象：用来模拟梁、柱、支撑、桁架和索构件。

② 连接（两点）对象：用来模拟特殊构件形式，例如分离器、阻尼、缝隙、分段线性弹簧等，与框架/索对象不同，连接对象可以具有零长度。

（3）面对象：用来模拟墙、楼板和其他薄壁构件，也可以模拟二维固体（平面应力、平面应变、轴对称固体）。

（4）实体对象：用来模拟三维实体。

其他常用的有限元软件如 ANSYS 和 ABAQUS 等，是把模型划分为细分的单元进行分析。采用面向对象技术的 SAP2000 则不需要进行此步骤，对象在分析计算时，由 SAP2000 自动转换为 FEM（有限单元网格），也就是把由各种对象构成的模型转换成有限元模型。

任何有限元模拟的第一步都是用一个有限单元的集合来离散结构的实际几何形状，每一个单元代表着结构的一个离散部分。这些单元通过共用节点连接依次连接组成了结构。模型中所有单元和节点的集合即为网格。通常，网格是实际结构几何形状的近似表达。本章主要介绍常用单元的特点和使用。

同传统的有限元程序如 ANSYS、ABAQUS 等相类似，SAP2000 中具有框架单元、壳单元、实体单元、连接单元等，这些单元组合起来可模拟复杂的结构。与上述程序不一样的是，工程师可以认为 SAP2000 中各单元节点的自由度都为 6 个（U_1，U_2，U_3，R_1，R_2，R_3），只不过不同的单元激活的自由度是不相同的。例如框架单元的节点自由度有 6 个：3 个平动自由度和 3 个转动自由度，而实体单元节点只具有 3 个平动自由度。与传统有限元软件相比，这么做便于模拟特殊的力学行为，方便模拟平面受力。

在 SAP2000 中，单元一共分为 4 类。

（1）线单元：在结构物中用来模拟梁、柱、支撑、桁架和索的单元；

（2）面单元：主要分为壳单元和二维实体单元，在单元形状及构成上，都属于面对象。壳单元细分为板、膜、薄壳、厚壳，在建筑模型中用来模拟墙、楼板、筏板基础等。

（3）体单元：此单元多用于细部分析。

（4）点单元：SAP2000 中称为连接单元，连接单元可以在两节点之间绘制，也可以在一个节点位置处绘制，单节点的连接单元默认为一节点接地。图 3-1 为 SAP2000 中按对象类型归类的单元分类树状图。

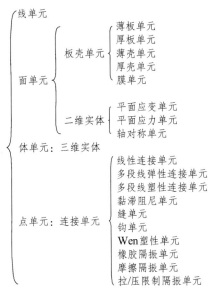

图 3-1　SAP 2000 单元分类

3.1　坐标系统

为了使设计过程更加便捷，设计软件中都会引入不同坐标系统的概念，在 SAP2000 中分为整体坐标系、局部坐标系两大类。一般来说，直角坐标系中的 x、y、z（有时会用 r、s、t 或者 1、2、3 表示）3 个坐标轴都满足右手螺旋法则。

程序中默认的整体坐标系（Global Coordinate System）都是经典的空间笛卡儿直角坐标系，其主要作用是确定所分析对象的空间绝对位置和相互关系，并作为节点坐标、节点位移、节点反力等数据的表达依据。SAP2000 的视窗界面会显示以坐标原点（$x=0$，$y=0$，$z=0$）为基准点的整体坐标系标识，便于定位识别和操作。

而局部坐标系（Local Coordinate System）则是以局部构件上的某点位作为坐标原点，并会随着构件的运动而运动的坐标系统，主要用于表达单元的内力、应力和连接单元、约束边界的反力以及单元的相对运动等，一般可分为单元坐标系和节点坐标系。

其中，单元坐标系的定义方式主要与单元类型有关。以钢结构设计中最常见的梁单元为例，如图 3-2 所示。1 轴沿单元长度方向，2、3 轴位于和用户指定的单元方向相垂直的平面内。理解单元局部 1-2-3 坐标系定义及其与整体 x-y-z 坐标系的关系很重要，用户可以利用局部坐标系简化对某些荷载的输入。例如，若线荷载垂直于局部坐标轴的 1 轴，沿 2 轴方向，而 1 轴与整体坐标轴的 z 轴不正交。这时以局部坐标系为准，加载更方便。

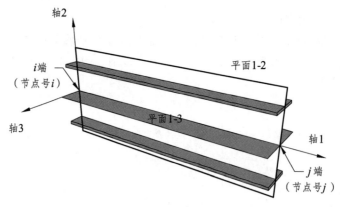

图 3-2　局部坐标系示意

一般情况下，在建立单元时默认会以编号靠前的节点（如图中 i 端）作为局部坐标系的原点（当拆分已有单元时，节点编号则可能会打乱），且 x 方向都会与杆件的轴向平行，y 轴与 z 轴组成的平面与 x 轴垂直。而确定 y 轴方向的方法通常有两种：一是定义参考点（reference node）的方式，即通过定义除了单元两个端点之外的第三点作为 y 轴（或 z 轴）的方向点；二是定义方向角，即通过定义整体坐标系中坐标轴与局部坐标系中坐标轴的夹角来确定。

此外，节点坐标系主要用于描述节点的反力及位移特征。当结构端部的约束（支撑）方向、弹簧支撑方向及节点的强制位移方向与整体坐标系的坐标轴方向不吻合时，则可以针对该节点赋予节点坐标系，则各种边界条件和强制位移等数据就会以节点坐标系为准被输入和输出。

3.2　单位系统

将几何模型转换为物理模型是计算分析的基础，在此过程中选择一个正确的、合适的单位系统则是一个关键环节。大多数设计程序都没有规定专门的单位系统，仅要求参数设定时对应的力学单位和几何单位必须封闭，即单位必须统一，比如所有物理量都采用国际单位制。

一般的结构设计都属于静力问题，只涉及 3 个基本的独立物理量单位：长度、力、弹性模量。因此，只要做到这 3 个单位统一就行了，如长度的单位用 m，力的单位用 N，则弹性模量的单位为 N/m^2，而应力的结果自然也就是 N/m^2，对应的密度单位则是 kg/m^3。同理，若采用工程中常用的 mm 作为长度单位，MPa（N/mm^2）作为弹性模量和应力的单位，则力的单位仍然是 N，但对应的密度单位变成了 t/mm^3。从中不难看出，当确定两个相互独立的物理量单位后，其余的物理量单位均能通过推导得出。

3.3　线单元

线单元的单元形状为线形，在 SAP2000 中可以细分为框架单元、索单元和预应力筋/束单元。

3.3.1　框架单元

框架单元使用一般的三维梁、柱公式，包括双轴弯曲、扭转、轴向变形、双轴剪切变形等效应。在平面和三维结构中，框架单元用来模拟梁、柱、斜撑和桁架。当加上非线性属性（如单拉、大变形）时，框架单元还可用来模拟索行为。

框架截面可描述一个或多个框架单元横截面的一组材料和几何特性。框架截面和框架单元单独定义，然后再指定给单元。框架截面特性包括材料特性、几何特性。

（1）材料特性。

材料特性包括以下几个参数：弹性模量，用于轴向刚度和抗弯刚度；剪切模量，用于抗扭刚度和横向抗剪刚度，由弹模和泊松比得来；质量密度，用于计算单元质量；重力密度，用于计算单元自重；设计识别符，表示该种截面的单元将被设计为钢结构、混凝土结构，或者不做设计。

（2）几何特性和截面刚度。

截面基本几何特性与材料特性相结合形成截面刚度。它们是：

① 横截面积；

② 抗弯惯性矩 i_{33}，用于在 1-2 平面内绕 3 轴弯曲；抗弯惯性矩 i_{22}，用于在 1-3 平面内绕 2 轴弯曲；

③ 扭转常数；

④ 2、3 轴方向的抗剪面积。

上述几何特性通常可根据指定的截面尺寸计算得来，也可以直接指定，或者通过数据库读取。SAP2000 对简单的矩形截面、管截面或实心圆截面、箱形截面、工字梁截面、槽形截面、T 形截面、角形截面、双角形截面可使用自动截面特性计算其几何特性。

每个框架单元由两个节点控制其几何位置，起始节点和终止节点，分别称为 i 节点和 j 节点，大多数有限元分析中 i 与 j 节点之间的框架单元的截面属性为等截面常数。图 3-3 展示的是框架单元箱形截面的定义。有必要时单元截面属性可以变化，例如在图 3-4 中，i_{33} 与 i_{22} 均设置为线性变化。这样就可避免采用多段直杆来近似模拟变截面杆，这种变化在桥梁模块中应用的效果尤其显著，各截面的组成尺寸都可以根据用户的指定而进行变化，这样既能保证精确模拟变截面的梁系结构，同时也大大缩短了建模时间。一些有限元程序要求梁的截面必须是连通的，但 SAP2000 没有这个要求，在 SAP2000 截面定义器中可以任意绘制想要的截面，包括不连续的梁截面，这种截面在某些工业工程中十分常见。

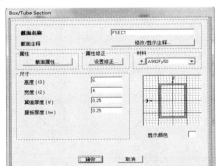 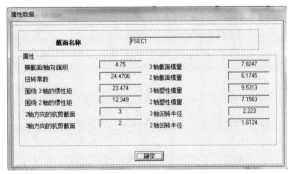

图 3-3　箱型截面的定义

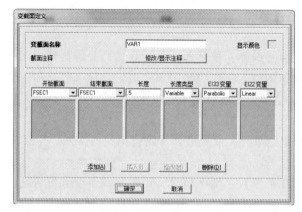

图 3-4　变截面定义

有时根据结构的不同需要对截面属性进行修正。例如：使用框架单元来模拟不能承受弯矩的柔索结构时，需要对索截面属性进行折减；用膜单元来模拟建筑结构的楼板时，考虑到楼板对梁抗弯能力的提高，需要对梁截面的抗弯属性进行修改。修改的截面可以依赖于定义的截面，也可以指定给部分单元。图 3-5 所示为箱形截面框架单元的截面属性修正对话框。

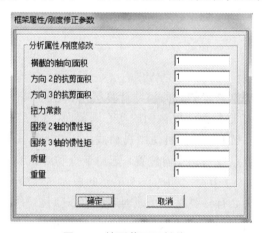

图 3-5　箱形截面属性修正

框架单元每个节点具有 6 个自由度，分别是平动自由度 U_1、U_2、U_3 和转动自由度 R_1、R_2、R_3。通常单元各端的 3 个平动自由度和 3 个转动自由度与节点的自由度连续，也和连接在该节点上的其他自由度连续，当知道某单元端部的力和力矩为零时，可从节点上进行释放。释放总在单元局部坐标系中指定，不影响连接在该节点上的其他单元。图 3-6 所示为对一四跨连续梁的 CD 跨进行的自由度释放的对话框。只要单元保持稳定，可对框架单元指定任何端部释放组合，确保所有施加到单元上的荷载会传递到结构的其余部分。

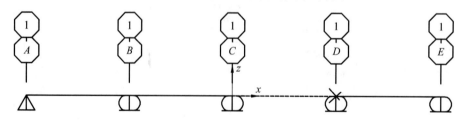

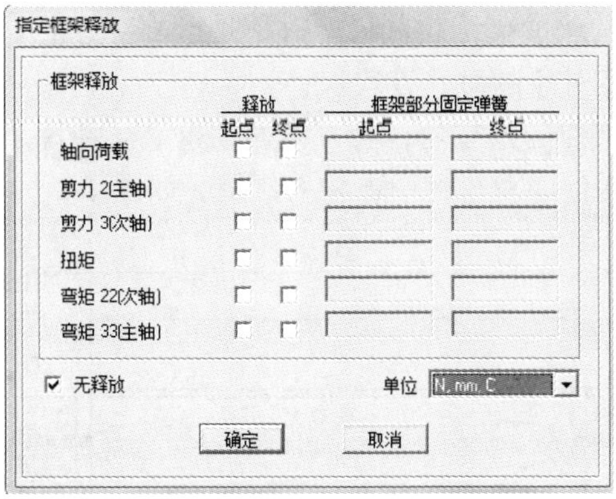

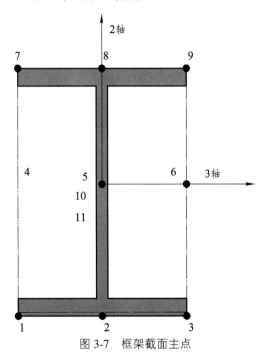

图 3-6　自由度的释放

对于传统的有限元软件如 ABAQUS，其分析是基于装配件的，需要将各个部件模型按照实际模型装配在一起，而装配就需要准确的定位。而 SAP2000 则是通过插入点的方式进行定位的，单元局部坐标系的 1 轴为沿杆轴方向。而在实际工程中，常需要用户在截面上指定另外一点作为对齐点，如以梁顶或柱的外角点进行对齐。这个对齐的位置被称作截面的主点。可供选择的主点位置如图 3-7 所示，默认主点为 10。

图 3-7　框架截面主点

1—底左；2—底中；3—底右；4—中左；5—中中；6—中右；

7—顶左；8—顶中；9—顶右；10—形心；11—剪力中心

注：对图示双对称截面，点 5、10、11 是相同的。

当选择好主点后，用户还可以基于主点进行节点偏移的指定。节点偏移首先用来计算单元轴线和局部坐标系，然后主点被放置在局部 2-3 平面上。在 SAP2000 中，我们经常使用这个属性，模拟建筑结构中的梁板体系时，两种对象是顶部对齐的。工业厂房中常见的牛腿柱，是外缘对齐的，如果按照默认情况绘制对象，对象是形心对齐的。这就需要工程师在绘制完成之后，通过插入点来指定对象的对齐方式。

两个单元如梁和柱在节点的连接处，会有截面的重叠。在许多结构中，由于构件截面尺寸较大，搭接长度在连接构件的总长度中占较大比例，如图3-8，这对结构的刚度影响较大。

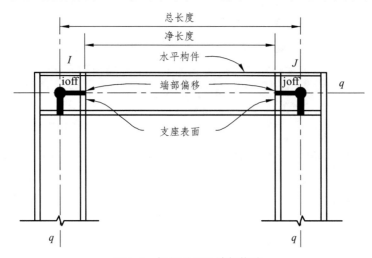

图 3-8 框架单元的端部偏移

用户可对每一单元指定两个端部偏移：ioff 与 joff。例如：ioff 为一指定构件和其他连接构件在节点 i 的搭接长度，对于指定构件，它是从节点至连接表面的距离；joff 与 ioff 类似。偏移距离的输入参考图 3-9 所示的对话框。基于所有连接在公共节点的最大截面尺寸，SAP2000 的图形用户界面对每一单元自动计算端部偏移，也可由用户直接指定。

图 3-9 偏移距离的输入

在动力分析中，结构的质量用来计算惯性力。框架单元所贡献的质量集中在节点 i 和 j 上。在单元内部不考虑惯性效应。对于变截面单元，质量沿单元的每一变截面节段成线性变化，且在端部偏移是恒定的。单元总质量被分配至两个节点上，分配质量时会忽略端部释放影响，质量会施加到 3 个平动自由度上，但忽略转动自由度的质量惯性矩。

荷载及内力输出：

框架单元可以承受自重、跨间集中荷载、跨间线荷载、温度荷载。荷载方向既可以在整体坐标系中指定，也可以在单元局部坐标系中指定。

框架单元自重沿单元长度分布，自重荷载为重量密度乘以截面面积，作为附加单位长度荷载，作用方向总是沿整体-Z 方向。跨间集中荷载包括框架单元任意位置的集中力和弯矩；

跨间分布荷载可用来在框架单元上施加分布力和弯矩，荷载分布可以是均布或梯形的，可以按照需求施加至单元的整个长度或部分长度。温度荷载在框架单元内产生温度应变。此应变是材料的温度线膨胀系数和单元温度变化的乘积。温度变化从单元的参考温度至单元的荷载温度计量。可指定如下 3 个荷载温度场。

（1）轴向温度 t：在整个截面恒定且产生轴向应变。

（2）温度梯度 t_2：在局部 2 轴方向成线性，且在平面 1-2 内产生弯曲应变。

（3）温度梯度 t_3：在局部 3 轴方向成线性，且在平面 1-3 内产生弯曲应变。

温度梯度定义为单位长度上的温度变化。若温度沿单元局部轴的正向增加（线性的），则温度梯度为正值。温度梯度在中性轴处为零，所以不产生轴向应变。

框架单元内力是在单元截面上进行应力积分而得到的力和弯矩，如图 3-10 所示。这些内力为：

P—轴力；V_2—在 1-2 平面的剪力；V_3—在 1-3 平面的剪力；T—轴向扭矩；M_2—在 1-3 平面（关于 2 轴）内的弯矩；M_3—在 1-2 平面（关于 3 轴）内的弯矩。

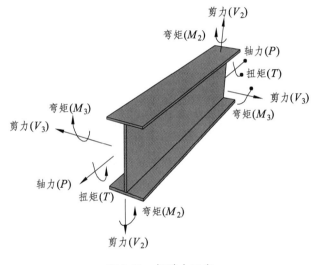

图 3-10　杆端力示意

3.3.2　预应力筋/束单元

预应力筋/束单元（以下统称为预应力束单元）是一个可以包含在其他对象（框架、壳、板、轴对称实体和实体）中实现预应力和张拉力对这些对象产生影响的一种特殊类型对象。这些预应力筋/束附着在其他对象上并加强作用在这些对象上的荷载。

从形状上看，预应力束单元既可以是直线，也可以是曲线。由于预应力束是一个具有复杂几何形状且长度很长的对象，在分析中它将被自动剖分为一些小段。

除了将预应力模拟为单元外，还可以将其模拟为荷载。

在实际应用中根据需求选择，例如若只关心添加预应力构件的力学行为，可以将预应力作为荷载处理，根据预应力束剖分的大小计算各剖分点的集中力和力矩。将预应力作为单元不仅可以实现上述模拟荷载的功能，还可以指定拉压比限制等非线性属性，查看其他荷载对预应力束的内力影响。当预应力用单元来模拟时，剖分后的预应力束将在分析中被当作短的、直线段的等效框架单元。在预应力束定义过程中，工程师需要制定剖分离散段的最大长度，通过控制最大长度来控制计算精度：对于高曲率的索对象或当预应力束所通过的结构具有复杂的几何形状时，应当选择较短的离散长度。如果不能确定使用多大的离散长度，可以通过试算来判断不同精度对计算结果的影响，剖分得越细结果就越趋于稳定，但还需要考量计算效率。

上面提到，预应力束是包含在其他对象中的一种特殊单元，它可以和框架、板、壳、实体单元等连接，并且贯穿单元的长度，连接由程序自动完成，

预应力有体内预应力和体外预应力两种方式。如果预应力束的两个节点不包含在单元内，而是通过 i 和 j 两个节点连接的，则称为体外预应力，反之称为体内预应力。一般来说，体外预应力采用索单元或框架单元来模拟，我们通常所说的预应力束为体内预应力束。

预应力束对象沿着其长度方向有 6 个自由度，它对结构的作用取决于包含它的单元。例如当连接到框架和壳单元时，它可以将力和力矩传递到这些单元的节点上。当连接的是板、轴对称实体和实体单元时，它只将力传递给节点。这是因为各个单元存在自由度问题。由于预应力束单元总是包含在结构单元中，因此当结构中包含体内预应力束单元时，结构的自由度不会增加。

荷载及内力输出：

预应力束可以承担预应力荷载、重力荷载、温度荷载。

预应力束内力是在单元截面上进行应力积分得到的力和力矩。这些内力包括：

P—轴力；V_2—在 1-2 平面的剪力；V_3—在 1-3 平面的剪力；T—轴向扭矩；M_2—在 1-3 平面（关于 2 轴）内的弯矩；M_3—在 1-2 平面（关于 3 轴）内的弯矩。

这些内力和弯矩位于沿预应力筋单位长度的每一截面，且可作为分析结果的一部分进行打印输出。内力是遵循预应力筋的自然坐标系进行输出的。

3.4 面单元

面单元包括板壳单元、平面单元和轴对称实体单元。

3.4.1 板壳单元

在工程中广泛使用的板壳结构，由于它具有在几何上有一个方向的尺度比其他两个方向小得多的特点，在结构力学中需引入一定的假设，使之简化为二维问题。它可以使计算量得到很大的缩减，同时也可以避免因求解方程系数矩阵的元素间相差过大而造成的困难。

板壳单元按对象可分为三类：膜单元、板单元和壳单元。

膜单元只具有平面内的刚度，承受膜力，建筑结构中楼板通常用膜单元来模拟；板单元的行为与膜单元相反，只具有平面外的刚度，承受弯曲，模拟薄梁或地基梁等；壳单元的力学行为是膜单元和板单元之和，是真正意义上的壳单元。壳刚度采用 4~8 点可变数值积分计算。在单元局部坐标系中，计算 2×2 高斯积分点处的应力、内力和力矩，并外插到单元节

点。单元应力或内力的近似误差可用连接于同一节点的不同单元的计算结果的差值估算。

每个壳单元（或其他类型面对象/单元）可能是以下形状之一（图 3-11）：

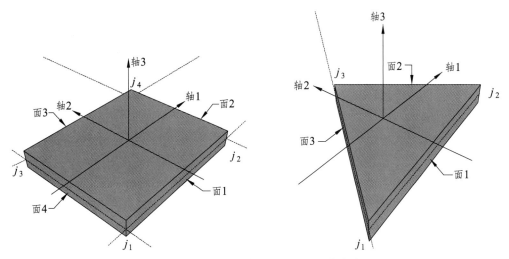

图 3-11　壳单元局部坐标系及节点自由度

四边形：由 4 个节点 j_1、j_2、j_3、j_4 定义。

三角形：由 3 个节点 j_1、j_2、j_3 定义。

二者中，四边形单元精度更高，三角形单元建议只用于过渡。虽然三节点单元的刚度计算是合理的，但应力求解精度却有欠缺。四边形单元用于不同几何形状和网格过渡，如图 3-12。

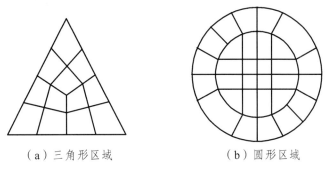

（a）三角形区域　　　　　　　　　（b）圆形区域

图 3-12

面单元长边与短边距离的比值，称为形状比。形状比在评价应力为主时不要超过 1/3，评价位移为主时不要超过 1/5。非线性分析时，形状比的作用比非线性分析时更敏感。图 3-13 列举了四边形单元和三角形单元形状比（A）的计算方法。

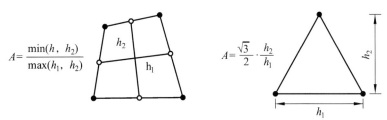

$$A = \frac{\min(h,\ h_2)}{\max(h_1,\ h_2)}$$

$$A = \frac{\sqrt{3}}{2} \cdot \frac{h_2}{h_1}$$

图 3-13　四边形单元和三角形单元形状比

用倾斜角 α 表示单元偏离直角四边形的程度，倾斜角不要超过 45°，四边形所有内角 β 应在 45°至 135°之间，注意内角必须小于 180°，如图 3-14：

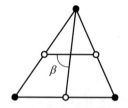

图 3-14 衡量四边形单元与三角形单元的偏离指标

壳单元在每个节点总共有 6 个自由度。当单元被作为纯膜来使用时，用户必须确保约束或其他支座提供法向平动和弯曲转动自由度；当一个单元被当作一个纯板来使用时，工程师必须确保约束或其他支座提供面内平动和关于法向轴的转动自由度。对三维结构，建议使用完全壳（膜+板）行为。

荷载和内力输出：

壳单元可承受自重荷载、均布荷载以及表面压力荷载和温度荷载。对于一个壳单元，自重是一个均布在单元平面的力，自重荷载总是作用向下，在整体-Z 方向。均布荷载用于在壳单元中面上施加均布力，荷载密度用每单位面积上的力表示，在不同坐标系中指定的荷载密度将被转换到单元局部方向的总力等于该方向的总荷载密度乘以中面面积，该力将被分配到单元节点上。

壳单元内力（也称为应力合力）是在整个单元厚度上积分应力而得的力和弯矩。这些应力合力是平面内单位长度的力和弯矩，它们存在于单元中间面的每一点。正内力相应于在整个厚度上恒定的正应力状态。故正应力由内力计算得到，横向剪力为平均值，实际的剪力分布呈抛物线形，在顶部和底部为零且在单元中间面为一最大值或最小值。在单元的标准 2×2 高斯积分点计算应力和内力，且向外插值到节点。虽然它们在节点给出值，但应力和内力存在于整个单元中。

3.4.2 平面单元

平面单元用来模拟二维实体的平面应力和平面应变行为。

SAP2000 中很多单元可以指定为非协调完全模式（对应程序单元定义中，选择不相容模式的复选框），包括平面单元、轴对称平面单元和实体单元。

在介绍非协调模式之前，先简单介绍一下剪力自锁现象。

考虑一个受纯弯曲结构中的一小块材料，材料将产生弯曲，如图 3-15。平行于水平轴的直线按常曲率弯曲，而沿厚度方向上的直线保持为直线。水平线与竖直线之间的夹角为 90°。

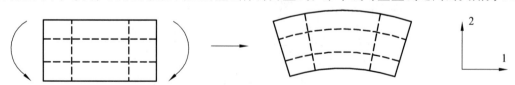

图 3-15 弯曲材料的变形

一个线性单元的边不能弯曲，所以用单个单元来模拟小块材料，其变形后的形状如图3-16所示。

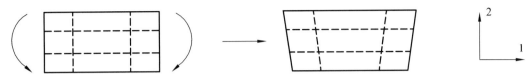

图 3-16　线性单元变形

为清楚起见，图中画出了通过积分点的虚线。很明显，上面直线的长度增加，这说明 1 方向的应力 σ_{11} 是拉伸的；类似的，下面直线的长度缩短，说明 σ_{11} 是压缩的；数值直线的长度没有改变（假设位移很小），因此所有积分点上的 σ_{22} 为零。所有这些结论与纯弯曲的小块材料的预测应力状态是一致的。但是在每一个积分点，竖直线与水平线之间的夹角开始时是 90°，变形后改变了，这说明每一点的剪应力 σ_{12} 不为零，这是不正确的；在纯弯曲下一块材料中的剪应力应为零。此现象即剪力自锁现象。

引起剪力自锁现象的原因是单元的边不能弯曲。它的存在意味着应变能不引起弯曲变形而引起剪切变形。总挠度变小了，即单元太刚硬了。

剪力自锁只影响受弯曲荷载的弯曲积分线性单元，这些单元在受直接或剪切荷载时没有问题。

非协调模式可以用来解决完全积分一阶单元的剪力自锁问题。既然剪力自锁是由于单元的位移场不能模拟与弯曲相联系的运动学现象引起的，那么可把能够增强单元位移梯度的附加自由度引入到一阶单元，如图 3-17。这种对位移梯度的增强，允许一阶单元中通过如图所示的单元范围的位移梯度有一个线性变化。标准的单元构造导致图中所示的单元范围的位移梯度有一个恒定的位移梯度，从而导致与剪应力自锁有关的非零剪应力。这种对位移梯度的增强对一个单元而言完全是内在的并且与单元边上的节点无关。

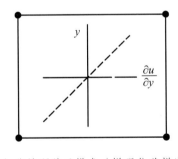
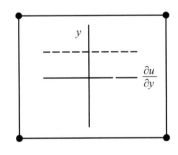

（a）非协调单元模式（增强位移梯度）　　　（b）采用标准构造的一阶单元

图 3-17　非协调模式

在弯曲问题中，用非协调模式可以得到与二元单元相当的结果，应用非协调单元得当，则在很低花费时仍可得到很高精度，但必须保证单元扭转是非常小的，因为它对单元扭转十分敏感，因此当网格复杂时这一点是很难保证的。在弯曲不重要的情况下，如一般的岩土问题，则不能使用非协调弯曲模式。

平面单元在每一连接的节点激活了 3 个平动自由度，不激活转动自由度，平面应力单元只对单元面内的自由度贡献刚度，所以有必要对垂直于平面的平动自由度提供约束或其他支座；否则结构将不稳定。除平面行为外，平面应变单元模拟抵抗平面剪力，即剪力垂直于单元平面，这样就对所有 3 个自由度建立了刚度。

由平面单元质量贡献的质量集中在单元节点上，在单元内部不考虑惯性力。单元总质量等于在单元平面上对质量密度 m 乘以厚度 t 的积分，总质量用一致质量矩阵的对角元按比例分配给节点，总质量被分配给每个自由度 U_X、U_Y 和 U_Z。对于转动角度，不计自重荷载激发模型中所有单元的自重。

平面单元可以承受自重荷载、表面及孔隙压力荷载和温度荷载。程序在平面单元的标准 2×2 高斯积分点计算应力，且向外插值到节点。

3.4.3　轴对称实体单元

该单元用来模拟一个三维对称实体的有代表性的二维截面。对称轴可位于模型中的任意位置，每个单元应完全位于包含对称轴的平面。若不是则对单元在包含对称轴和单元中心的平面的投影建立公式。

轴对称实体单元是一个 3 节点或 4 节点单元，用来模拟在轴对称荷载作用下的轴对称结构。它是基于包含 4 个非协调弯曲模式的等参公式。

假定在周边方向上几何属性、荷载、位移、应力和应变没有变化，则在周边方向上的任意位移将被看作是轴对称的，应进行扭转处理。

若单元的形状为矩形，使用非协调弯曲模式可显著改善单元在平面内的弯曲性能。改善的效果甚至在非矩形中也有体现。

轴对称实体单元用来模拟一个轴对称实体结构的有代表性一段的中间面，此结构的应力和应变沿圆周方向不变。对于每一个轴对称实体截面，工程师可以选择一个对称轴，此轴被指定为一个工程师定义的可替换坐标系的 Z 轴。所有使用给定的轴对称实体截面的轴对称实体单元具有相同的对称轴。对于大多数建模的情况，工程师只需要一个对称轴。然而，若工程师在模型中需要多个对称轴时，只需设置所需的可替代坐标系，并定义相应的轴对称实体截面属性即可。工程师需要明白，几乎不可能建立一个轴对称实体单元连接其他单元的敏感模型，或轴对称实体单元之间连接的模型。采用多个对称轴的目的是在同一模型中建立多个独立的轴对称结构。

轴对称实体单元代表一个通过绕轴对称旋转 360° 所建立的实体。然而，分析只考虑实体中具有代表性的一段。工程师使用参数 arc（单位为度）指定节段的尺寸，例如 $arc=360$ 模拟整个结构，$arc=90$ 模拟 1/4 的结构。设置 $arc=0$，则默认为模拟一个弧度的节段，单

元"厚度"（圆周方向范围）随着轴对称的径向距离 r 的增加而增加：$h = \dfrac{\pi \cdot arc}{180}$。显然厚度在整个单元平面是变化的。单元厚度用来计算单元刚度、质量和荷载。因此，计算的单元节点力和 arc 成正比。

荷载及应力输出：

轴对称单元可以承受自重荷载、表面及孔隙压力荷载和温度荷载。特殊的是，轴对称单元还可以承受离心力荷载。在轴对称实体单元的标准 2×2 高斯积分点计算应力，向外插值到节点。

3.5　体单元

实体单元是一个 8 节点单元，用来模拟三维结构和实体。每一实体单元有 6 个四边形面和 8 个节点，如图 3-18。要特别注意 8 个节点的相对位置：当沿着 j_5-j_1 看时，路径 j_1-j_2-j_3 和 j_5-j_6-j_7 应为逆时针方向。在每一面角点的内角必须小于 180°，宜为 45°~135°。当这些角度接近 90°时，将得到最佳结果。实体单元每个连接节点有 3 个平动自由度，没有转动自由度。

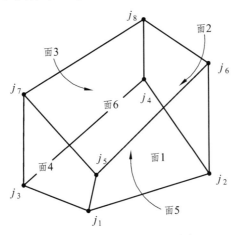

图 3-18　实体单元节点和面的定义

实体单元贡献的质量集中在单元节点上，在单元内部不考虑惯性力。单元总质量等于在单元体积上对质量密度 m 的积分。总质量用一致质量矩阵的对角元按比例分配给节点。总质量被分配给每个自由度 U_X、U_Y、U_Z。

荷载及内力输入：

此单元可承受自重荷载、表面及孔隙压力荷载和温度荷载。按标准 2×2×2 高斯积分点计算应力，且向外插值到节点。

3.6　连接单元

SAP2000 可以定义两种连接属性：线性/非线性、频率相关。线性/非线性的属性集必须制定给每个连接单元，指定频率相关的属性集给连接单元或支座单元是有选择性的。

连接单元有两种方式：一种是两节点的连接单元；一种是单节点的连接单元（也可认为是两节点的连接单元，另一节点接地）。

由连接单元贡献的质量集中在单元节点 i 和 j 上。在单元内部不考虑惯性矩。对于每个连接/支座属性，工程师可指定一个总平动质量 m，一半的质量被分配给在单元的一个或两个节点的 3 个平动自由度，对于单节点单元，假定一半的质量是接地的；工程师另外指定转动质量弯矩惯性矩 mr_1、mr_2 和 mr，一半的质量惯性矩被分配给在单元上的一个或两个节点的 3 个平动自由度，对于单节点单元，假定一半的质量惯性矩是接地的。

转动惯量在单元的局部坐标轴中定义，但将被程序转换至对节点 i 和 j 的局部坐标系。若这 3 个惯量不相等，且单元的局部轴不平行于节点局部轴，则在转换时将产生交叉惯性矩项，程序会略去这些项，这就会导致一些误差。

大部分连接单元需要指定线性或非线性属性。线性属性包含了单元用来进行线性分析及其他类型分析（如果没有定义其他属性）的线性属性；非线性属性用来进行非线性分析及在非线性分析之后进行线性分析。

3.6.1　线性连接单元

此单元为线性单元，需要用户指定刚度及各方向的阻尼值。刚度及阻尼值可以是耦合的，也可以是解耦的。

虽然两个节点可以利用桁架或者梁单元连接，但这些单元不能充分反映轴向和旋转方向的刚度。以单元坐标系为坐标参数输入弹性连接单元具有 6 个参数，即 3 个轴向位移刚度和 3 个沿轴转动的转动刚度值。

在桥梁结构中上部结构和下部桥墩之间的垫板以及弹性地基梁下的接触面都可以利用线性连接单元建立计算模型。

3.6.2　多段线弹性连接单元

此连接单元用来模拟力与位移遵从图所示的行为。力与位移的关系必须为：通过原点；至少有一个正的变形点和一个负的变形点；对于变形值必须单调增加的，没有相等的两个值。

3.6.3　多段线性塑性连接单元

此连接单元模拟的是常见材料的塑性行为。塑性关系通过一系列的力与变形的关系曲线来定义，塑性包括随动硬化模型、Takeda 模型和用来模拟钢筋混凝土塑性行为的枢纽点塑性。

除此之外，连接单元还包括黏滞阻尼单元、缝单元、钩单元、Wen 塑性单元、橡胶隔震单元、摩擦摆隔震单元、拉/压限制隔震单元。用户可在 SAP 中文版使用指南上进行查找。

3.7　节点连接和边界处理

节点是结构分析中最基本的角色，它是单元的联系，同时也是结构中已知位移和将要确定位移的首要位置。在节点处的位移分量（平动或转动）称为自由度。

节点是结构模型中最基础的部分，具有以下作用：

（1）所有单元均通过节点与结构（及单元间）相互连接。

（2）结构在节点处有约束或弹簧支撑。

（3）刚体特性和对称条件可通过对节点施加限制来确定。

（4）集中荷载可作用于节点。

（5）集中质量和转动惯性可施加于节点。

（6）单元所受荷载及质量实质上均传递到节点上。

（7）节点是结构中已知（支承处）或将确定位移的基本点。

节点可独立于单元定义，线单元、壳单元的自动网格划分将对任意生成的线单元、壳单元生成附加节点。节点自身也可视为单元，每个节点有自己的局部坐标系用于确定自由度、约束、节点属性、荷载和解释节点输出；在大多数情况下，将全局坐标系 *X-Y-Z* 作为模型中的所有节点的局部坐标系。

每个节点都有 3 个平动自由度和 3 个转动自由度，这些位移分量沿每个节点局部坐标系排列。节点可以承受集中荷载等直接荷载，也可承受由约束或弹簧引起的基础位移等间接荷载。对每个节点都计算出各个位移（平动和转动），也计算出各节点的内外力和内外力矩。

3.7.1 节点连接

建立几何模型需要定义单元之间的连接关系，这不仅影响到结构分析结果的正确性，有时候还会直接导致后续分析无法进行。结构计算分析中，常会遇到两种问题。第一种是单元之间形成了多余的连接节点，主要体现在：单元在连接处生成重复节点，单元表面上交接在一起，实际上节点并不连续，导致单元内力无法传递，严重的时候，还会导致单元产生刚体运动，后续计算出现刚度矩阵奇异的错误提示，解决办法为消除多余节点即可。第二种情况常出现在非线性单元交叉处，以钢结构工程中常用的柔性交叉支撑为例，它通常用索单元模拟。如果计算模型中将索单元在交叉处打断形成共享节点，则将导致单元在交叉点处约束不足，形成刚体运动，计算出现刚度矩阵奇异错误。其解决办法为将交叉节点消除，单元直接连通即可。

当进行精细化局部实体分析时，也常会出现单元之间没有形成连通域的问题。根据 CAD 建立的几何模型通常为多个零件（PART）组装而成的组件（ASSEMBLE），零件之间的交界面仅在几何上接触，并无共享的接触面、线、点，即零件之间没有形成连通域，其直接后果便是单元划分以后，网格完全不连续或者局部不连续，单元零件之间无法传递力学响应结果或相互的约束，甚至造成刚体运动，求解失败。其解决办法是在 CAD 程序里面进行布尔运算，通过切割、交集、并集等手段实现几何体的连通。

针对节点连接问题，除了要注意几何空间上的连续，还应满足自由度连续的要求。由于不同的单元类型具有不同的自由度数量，如梁单元每个节点为 6 个或者 7 个自由度（除了常用的平动和转动自由度以外，薄壁构件还有翘曲自由度），桁架单元每个节点有 3 个自由度，壳体单元每个节点有 6 个自由度，实体单元每个节点有 3 个自由度。当结构分析混合使用这些单元的时候，需要注意其自由度的连续问题，比如采用实体单元模拟基础，壳体单元模拟剪力墙，由于单元节点自由度的不连续，会造成剪力墙根部无法和基础实现转动协调。如果剪力墙处于悬臂工作状态，还会引起墙体单元转动约束不足，形成刚体运动。其解决办法是根据力偶的概念，将墙体根部交接区域两侧实体单元的节点和墙板根部节点进行自由度耦合。类似的例子，如梁单元和实体单元的连接，也存在相同的问题和处理手段。

3.7.2 边界处理

现阶段计算程序对杆系模型的分析已经达到了一个相当的精度，杆系单元的模拟和实际工程单元工作性能的比较精度很高。但是，对实际工程模拟的一个难题便是边界处理。传统的工程分析假定地面为无限刚，则可以将结构边界约束点按工程构造简化为铰接或者刚接，这对大多数工程是有效的。但是现代结构的体量越来越大，上部结构传递到柱脚的内力很多时候达到了惊人的程度，因此传统的假定在这些情况下应该慎重对待。同时，由于构造处理和分析假定的误差，在边界区域，节点的受力远远比按照杆系结构分析得到的结果危险。没有精细分析的设计，往往在这些区域形成设计真空，留下安全隐患，因此在设计时应重视上部结构-基础耦合计算的问题。这个课题包含的内容很多，包括基础-地基耦合、基础-结构耦合、结构-基础-地基耦合等。其模拟计算分析的难处，主要在于各个部分接触面的有限元模拟。针对此问题，我们以钢结构-基础耦合计算为例，介绍 3 种适合工程的模拟方法。

第一种方法，在柱脚和基础顶接触面上设置桁架单元，桁架材料属性设置为只受压特性，即在受拉的象限内，应力为零的时候，应变很大。这种方法的特点是：适应性较广，多数具备非线性求解能力的程序均能胜任，且计算结果较准确。但该方法无法考虑初始间隙，其实质是无初始缝隙的间隙单元。

第二种方法，直接采用间隙单元。功能强大的 CAE 程序均有此功能。该方法的特点是：方便、结果较准确、可以考虑初始间隙，但求解参数设置多一些。

第三种方法，直接采用接触分析。具体过程很简单，在上下两个面之间设置接触对就行了。该方法的特点是：结果最准确、假定少，但设置较麻烦，一般设计工程师操作困难。

3.7.3 建模注意事项

节点和单元的位置对于确定结构模型的精度起关键作用。定义结构的单元（及节点）时必须考虑的因素有：

（1）必须保证有足够多的单元来描述结构的几何特性。对于直线和直边，可只要一个单元；对于曲线和曲面，至多每 15° 弧长就必须保证有一个单元。

（2）在不连续的点、线和面上，应该布置单元边界、节点。

① 结构边界，如角落和边缘。

② 材料特性变化的地方。

③ 厚度及其他几何特征改变的地方。

④ 支承点（约束和弹簧）。

⑤ 集中荷载作用点，线单元跨内集中荷载作用点除外。

（3）在应力梯度大、应力变化快的地方，壳单元的网格必须用小单元和密集节点精确模拟。

（4）需要通过调整面对象的自动网格划分参数进行一次或多次的初步分析后修改网络。

（5）当模型中动力特性相对重要时，需用一个以上单元模拟跨径长度。这是因为尽管质量是由单元贡献的，但在计算时，总认为质量集中在节点处。

4 SAP2000 基本介绍

本章简要介绍利用 SAP2000 进行有限元程序分析的方法。SAP2000 计算功能十分强大，几乎包括了所有结构工程领域内的最新结构分析功能。SAP2000 计算模型的建立、运行、设计以及分析结果的显示都在同一个界面内进行，是一个"在屏幕画出图形，就可以得到结构内力"的可视化结构设计、分析计算软件。

SAP2000 计算分析包括静力（线性和非线性）分析、动力地震分析和静力分析、移动荷载作用下的分析、弹性屈曲分析等。

SAP2000 具有集成化的用户界面。如图 4-1 所示，SAP2000 图形用户界面包括主窗口、主标题栏、菜单栏、工具栏、显示窗口、显示标题栏、状态栏、鼠标指针位置坐标和当前单位。

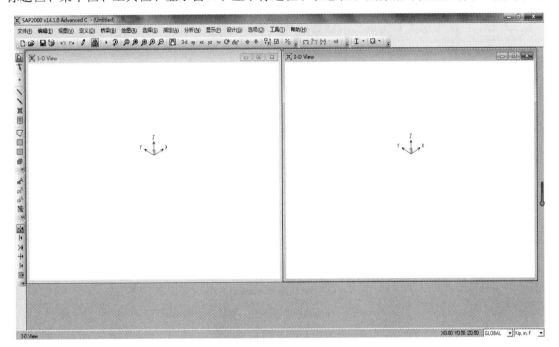

图 4-1　SAP2000 用户界面

（1）主窗口。SAP2000 是标准的 Windows 操作界面，可以对窗口进行移动、调整大小、最大化、最小化、关闭操作。

（2）主标题栏。主标题栏显示程序名称、版本号和当前模型文件的名称。

（3）菜单栏和主工具栏。菜单栏位于主标题栏下方，所有命令菜单都位于菜单栏中，包括文件、编辑、视图、定义、绘图、选择、指定、分析、显示、设计、选项、帮助菜单。主工具栏提供了常用命令的快捷按钮。

（4）显示窗口。显示窗口显示该模型的几何图形和显示属性、荷载和分析或设计结果，一次最多可以显示 4 个窗口。

（5）显示标题栏。显示标题栏位于显示窗口的顶部。当某个显示窗口处于激活状态时，将高亮显示该显示标题栏。

（6）状态栏。状态栏位于主窗口的底部。状态栏的左侧显示描述程序当前状态的文本，右侧显示光标位置、当前坐标系和当前单位制状态。

1. 菜单栏

菜单栏（图 4-1）左至右代表了 SAP2000 的操作步骤。从左至右使用菜单也就是建立模型→定义单元材料和几何特性、定义荷载工况和分析工况→将材料、几何特性、荷载指定给单元→分析和计算→显示计算结果。从左至右操作就可以完成结构分析的步骤。

因此，菜单栏可以划分为前处理、分析计算、后处理三个部分。

（1）前处理部分。前处理可以完成几何模型和有限元模型的建立、修改、添加、显示等。

（2）分析计算部分。在前处理阶段完成建模后，用户在求解阶段通过求解器获得分析结果。在此阶段用户可以设置分析选项、节点自由度选择、设置运行的分析工况和运行分析。

（3）后处理部分。此部分通过友好的用户界面获得求解过程的计算结果，这些结果包括位移、内力等，输出形式有图形显示和数据列表等。

2. 工具栏

工具栏包括位于窗口上部的主工具栏和窗口左侧的侧工具栏。主工具栏主要包括文件操作命令、视图控制命令、定义命令、视图显示命令。侧工具栏包括视图绘制命令、视图选择命令、捕捉命令等。将光标在工具按钮上停留数秒即可弹出该按钮的简要描述和键盘快捷键操作方法。

用户可根据需要对工具按钮和工具条进行添加或者隐藏，右击工具条即弹出编辑菜单。若希望将编辑过的菜单恢复至默认状态，则点击【选项】→【重置菜单栏】即可。

3. 鼠标的使用

SAP2000 提供了 7 种鼠标操作方式：单击鼠标左键、单击鼠标右键、Ctrl+鼠标左键、Ctrl+鼠标右键、Shift+鼠标左键、快速双击鼠标左键、按住鼠标左键拖动，其功能见表 4-1。

表 4-1 鼠标的使用

鼠标操作	功　能
单击鼠标左键	选择菜单项、激活命令、点击按钮和选择视图对象
单击鼠标右键	应用在模型对象上：弹出对象信息； 应用在绘图区：弹出快捷菜单； 应用在工具栏：弹出添加工具栏菜单
Ctrl+鼠标左键	应用在模型重叠位置对象上：弹出对象列表，从中选择所需要选择的对象； 应用在对话框中有列表的情况：列表项可以进行多选，列表项可以是相邻或不相邻的

鼠标操作	功　　能
Ctrl+鼠标右键	应用在模型重叠位置对象上：弹出对象列表，从中选择所需选择的对象后弹出所选对象属性信息
Shift+鼠标左键	应用在对话框中有列表的情况：对相邻列表项可以进行多选
快速双击鼠标左键	应用于绘制过程：结束某个绘制操作； 应用于工具条：隐藏工具条
按住鼠标左键拖动	应用于视图控制：窗选放大视图； 应用于选择：窗选模型对象； 应用于重定命令：改变对象形状

5 常见结构的静力分析

5.1 连续梁的静力分析

梁式结构是工程中最常见的结构之一，在桥梁工程、结构工程中广泛使用。求解梁式结构的方法很多，包括力法、位移法等。使用计算软件 SAP2000 进行分析可以使求解更加快捷和精确。

5.1.1 多跨静定梁

例 5-1 试计算图 5-1 所示的多跨静定梁。

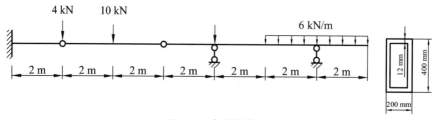

图 5-1 多跨静定梁

【操作步骤】

1. 选择计算量纲，建立几何计算模型

（1）打开 SAP2000，在窗口右下角选择计算量纲为 kN，m，C。

（2）点击菜单栏中的文件选项，在弹出的下拉菜单中点击新模型按钮，建立新计算模型。

（3）从初始化模型中选择梁模板，如图 5-2。

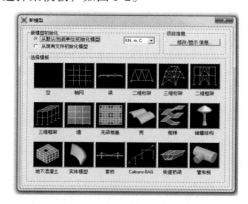

图 5-2 设定量纲和初始化模型

（4）在梁对话框中输入跨数和跨长，预先假设为 7 跨，每跨长 2 m，由于跨数的增加而产生的约束可通过指定命令去除，如图 5-3。当跨长不同时，可以通过编辑轴网进行调整。

图 5-3　设定梁模型的几何参数

此时，在 SAP2000 图形窗口绘出了 3D 视图和 x-z 平面视图。关闭 3D 视图窗口，仅显示 x-z 平面图形，如图 5-4 所示。

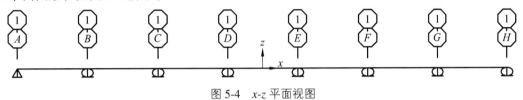

图 5-4　x-z 平面视图

（5）按图 5-1 的多跨静定梁示意图调整约束。首先选取节点，如图 5-5 所示，选取节点 A，节点 A 将在窗口中高亮显示。

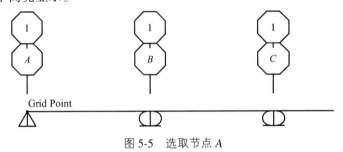

图 5-5　选取节点 A

（6）选定好节点后，点击菜单栏中的指定按钮，选择节点，在下拉菜单中点击约束按钮，如图 5-6。

图 5-6　选择节点约束形式

（7）由于节点 A 的约束为完全固定，因此在弹出的节点约束对话框中，在快速指定约束栏中选择完全固定图标，如图 5-7 所示。同理，将节点 B、C、D、F、H 处的约束去除，去除后的梁模型如图 5-8 所示。

图 5-7　A 节点设置为完全固定约束

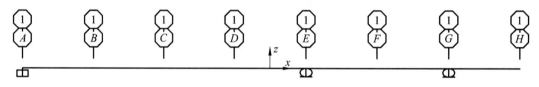

图 5-8　去除多余约束后的几何模型

BD 段为附属梁，附属梁和主梁段处的接触需要通过释放单元端部的弯矩来模拟铰连接。此时需要分别释放单元 AB 的 B 节点处弯矩，BC 单元 B 节点处弯矩，CD 单元 D 节点处的弯矩和 DE 单元 D 节点处弯矩。

（8）首先确定单元的起点和终点，以 AB 单元为例，将鼠标放置在 AB 单元上，单击鼠标右键，弹出图 5-9 所示对话框。由窗口右下角 x 的坐标数值可知，A 节点为起点，B 节点为终点。同理，对其他单元也可查看其节点的位置情况。

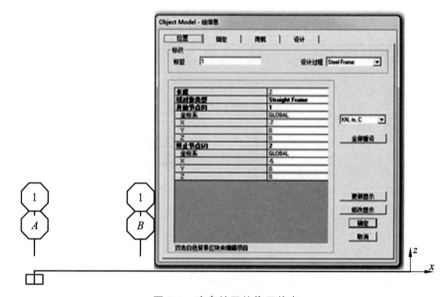

图 5-9　确定单元的位置信息

（9）单击选中单元 *AB*，*AB* 将在窗口中以虚线显示，如图 5-10 所示。

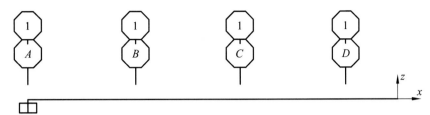

图 5-10　选取单元 *AB*

（10）在选中单元 *AB* 后，点击指定按钮，选择框架，点击释放/部分固定按钮，如图 5-11 所示。

图 5-11　选择释放/部分固定按钮

（11）由于 *B* 节点为 *AB* 单元的终点，因此在弹出的指定框架释放框中勾选终点处两个惯性轴的弯矩，如图 5-12，此时 *B* 节点的弯矩已经释放。同理，释放其他单元节点的弯矩约束。

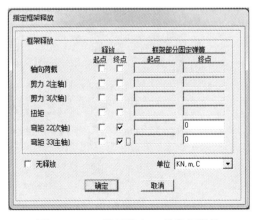

图 5-12　*AB* 单元终点 *B* 的弯矩释放

按照图 5-13 设置支座约束并释放附属梁铰接的弯矩后，几何模型如图 5-13 所示。

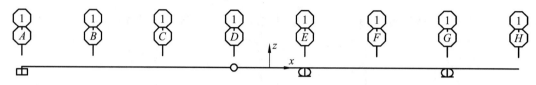

图 5-13　梁几何模型

2. 定义单元的材料特性组

（1）选择菜单栏中的定义选项，在下拉菜单中选择材料选项。

（2）在弹出的定义材料对话框中点击创建新材料按钮，在弹出的材料属性对话框中设置材料的属性，如图 5-14，材料名称默认为 MAT，修改材料的弹性模量为 $2.1×10^8$ MPa。

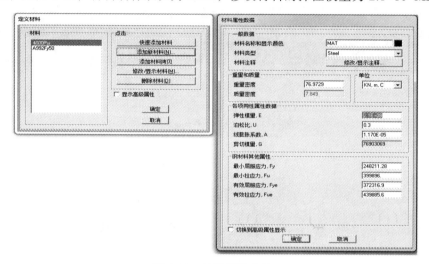

图 5-14　材料属性定义

3. 定义单元截面属性

（1）从定义菜单栏中选择框架截面。

（2）在弹出的框架属性对话框中点击添加新属性按钮以添加新截面。在弹出的添加框架截面属性对话框中，选择箱形截面按钮，如图 5-15 所示。

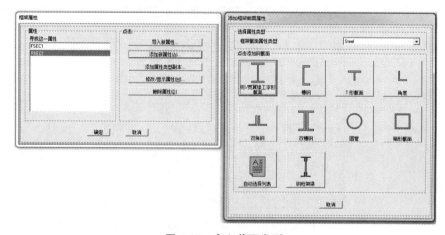

图 5-15　定义截面类型

（3）点击箱形截面后会弹出箱形截面尺寸定义的对话框，如图 5-16，按照所给的截面尺寸，将数据输入到对话框中，截面名称为 FSEC2。在材料一栏中选中之前定义的材料 MAT。

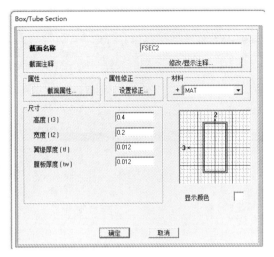

图 5-16　箱形截面尺寸定义

（4）将几何模型全选，如图 5-17 所示，几何模型呈虚线。从指定菜单栏中选择框架，在下拉菜单中点击框架截面按钮，在所弹出的框架属性对话框中选择之前创建的 FSEC2 截面，如图 5-18 所示，点击确定。完成后，截面名称将显示在单元上，如图 5-19 所示。

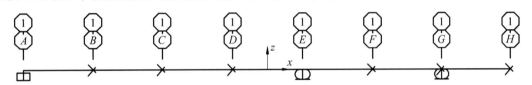

图 5-17　几何模型的全选

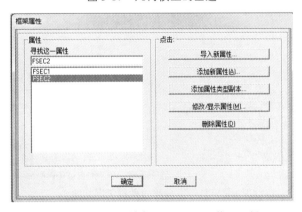

图 5-18　选择之前定义的 FSEC2 截面属性

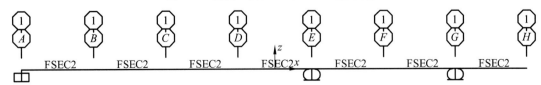

图 5-19　截面赋予单元后的几何模型

49

4. 定义结构的静力荷载

在弹出的对话框中，如图 5-20，输入荷载名称、类型，然后添加该工况数据，con4 和 con10 分别为 4 kN 和 10 kN 的集中荷载，dis6 为 6 kN/m 的均布荷载。

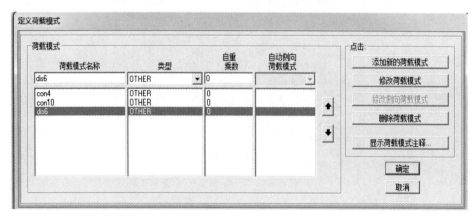

图 5-20　定义静力荷载工况

5. 定义荷载工况

（1）从定义菜单栏中点击荷载组合按钮，在弹出的定义荷载组合对话框中，选择添加新组合。

（2）在弹出的荷载组合数据对话框中，对荷载组合进行命名，并将之前定义的荷载添加到工况组合列表中，操作如图 5-21 所示。

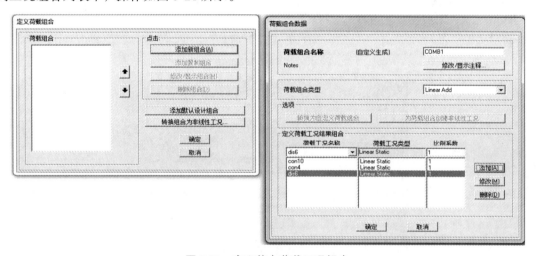

图 5-21　定义静力荷载工况组合

6. 定义结构分析类型

从定义菜单栏中选择荷载工况，本例里所涉及的三个工况均为线性静力分析。SAP2000 中线性静力分析工况为默认状态，一般不需要进行选项的修改工作。

7. 施加节点荷载

（1）选择 B 节点，如图 5-22 所示。

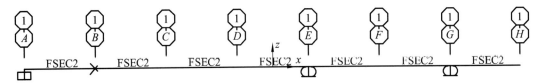

图 5-22 选择 B 节点

（2）从指定菜单中选择节点荷载，在子菜单中点击按钮弹出节点荷载对话框，如图 5-23，选中所需的荷载模式名称 con4，即作用在 B 节点处的 4 kN 集中力。由于荷载方向与全局坐标系 z 轴相反，输入数据大小为-4。同理，将 C 节点处的 con10，即 10 kN 的集中荷载施加在有限元模型上。

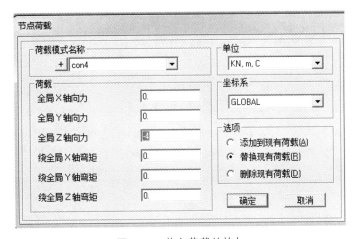

图 5-23 节点荷载的施加

8. 施加单元均布荷载

（1）选定拟施加单元荷载的单元 FH，所选单元呈虚线形式。

（2）从指定菜单栏中选择框架荷载，在子菜单中选择分布荷载。

（3）在弹出的框架分布荷载对话框中，荷载模式名称为 dis6，即 6 kN/m 的均布荷载，方向为重力方向，荷载值为 6 kN/m，见图 5-24。

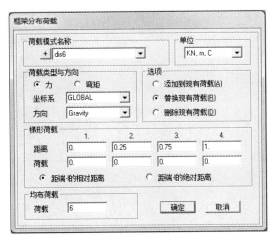

图 5-24 框架分布荷载的施加

施加均布荷载后的有限元模型示意图如图 5-25 所示。

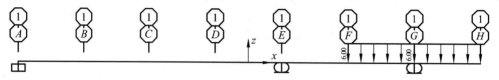

图 5-25　施加均布荷载后的有限元模型

9. 设置结构分析类型

从分析菜单中选择分析选项，在对话框中选择平面框架，见图 5-26。

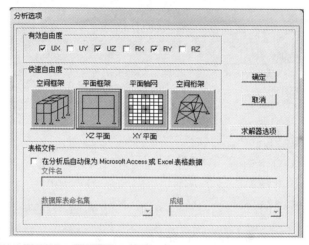

图 5-26　设置结构分析类型和相应节点自由度操作

10. 执行分析

从分析菜单中选择设置运行的荷载工况，确定需要执行的、不需要执行的荷载的工况，开始运行计算，见图 5-27。

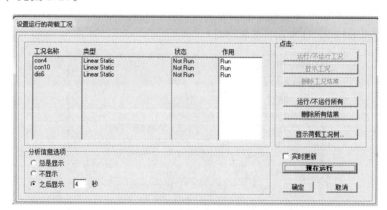

图 5-27　执行需要计算的荷载工况

11. 显示单元内力

计算完成后，可以从显示菜单中显示计算结果。从显示菜单栏中选择显示力、应力，在子菜单中选择框架，在弹出的对话框中选择需要显示的工况、内力分量等选项，见图 5-28。

（a）

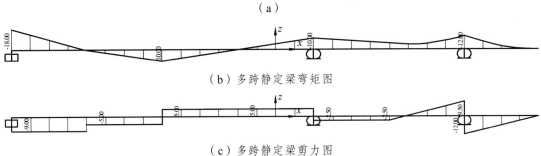

（b）多跨静定梁弯矩图

（c）多跨静定梁剪力图

图 5-28　显示单元内力的操作与内力图

5.1.2　弹性支撑连续梁

例 5-2　试计算图 5-29 所示弹性支撑连续梁，梁的 EI=常数，弹性支撑刚度 $k=EI/10$。

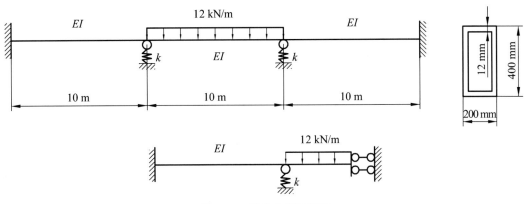

图 5-29　弹性支撑连续梁

【操作步骤】

解法一:

1. 选择计算量纲,建立几何计算模型

按图 5-30 所示步骤进行。

（1）在窗口右下角选择计算量纲为 kN，m，C。

（2）点击文件，在弹出的下拉菜单中点击新模型按钮，建立新计算模型。

（3）从初始化模型中选择梁模板。

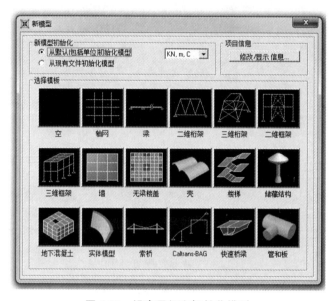

图 5-30　设定量纲和初始化模型

（4）在梁对话框中输入跨数，预先假设一共是 3 跨，每跨 10 m，由于跨数的增加而产生的约束可通过指定命令去除，如图 5-31。

图 5-31　设定梁模型的几何参数

（5）输入跨长。当跨长不同时，可以通过编辑轴网进行调整。

此时，在 SAP2000 图形窗口绘出了 3D 视图和 *x-z* 平面两个图形。关闭 3D 视图窗口，仅显示 *x-z* 平面图形，如图 5-32 所示。

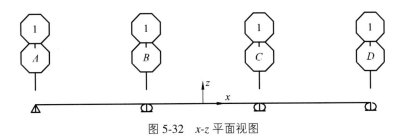

图 5-32　x-z 平面视图

（6）选定节点 A，点击指定按钮，选择节点，在菜单中点击约束按钮，如图 5-33。

图 5-33　选择节点约束形式

（7）由于 A 点的约束为完全固定，因此在弹出的节点约束对话框中，在快速指定约束栏中选择完全固定图标，如图 5-34 所示。同理，将节点 D 设置为完全固定，B、C 节点去除约束，修改后的梁模型如图 5-35 所示。

图 5-34　A 节点设置为完全固定约束

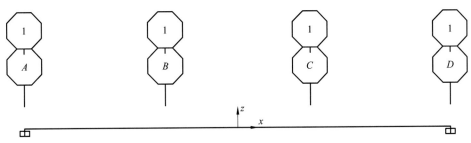

图 5-35　去除多余约束后的几何模型

（8）设置弹性支撑首先需要确定截面的 EI。由于本例的截面形式与材料与例 5-1 相同，所以材料及截面属性的操作同例 5-1。从定义菜单中选择截面属性，在下拉菜单中选择框架截面，在弹出的对话框中选择 FSEC2 截面，点击修改/显示属性，如图 5-36 所示。如图 5-37，在弹出的对话框中点击截面属性，可得到截面强轴的惯性矩为 $2.8×10^{-4}$ m^4，则 $EI=2.1×10^8×2.8×10^{-4}=60\,270$ N/m，弹簧的刚度 $k=EI/10=6\,027$ N/m。选定节点 B、C，从指定菜单栏中选择节点，在子菜单中点击弹簧，进行弹性支撑的设置，如图 5-38。弹簧方向坐标系选择全局坐标系，z 方向的刚度为 $6\,027$ N/m，完成约束设置后的几何模型如图 5-39。

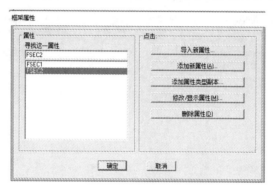

图 5-36 截面框架属性设置

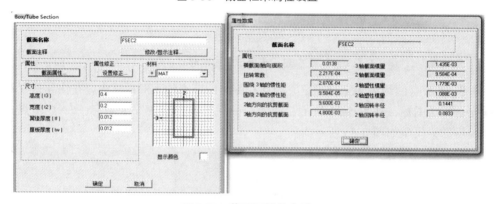

图 5-37 截面属性的查看

图 5-38 节点弹簧的设置

56

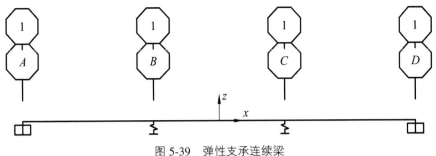

图 5-39 弹性支承连续梁

2. 定义单元的材料特性组

定义单元截面属性同例 5-1，截面赋予单元后，梁有限元模型如图 5-40。

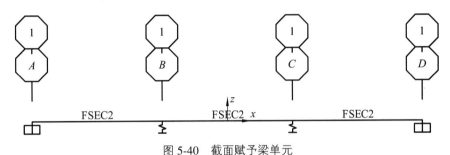

图 5-40 截面赋予梁单元

3. 定义结构的静力荷载

（1）从定义菜单中选择荷载模式。

（2）如图 5-41，在弹出的对话框中，输入荷载名称、类型，然后添加该工况数据，dis12 为 12 kN/m 的均布荷载。

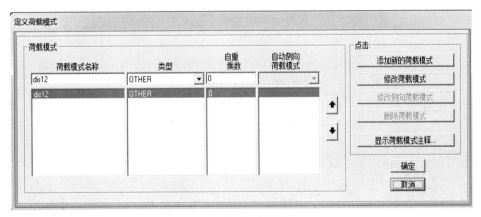

图 5-41 定义静力荷载工况

4. 定义荷载工况

（1）从定义菜单栏中点击荷载组合按钮，弹出定义荷载组合对话框，选择添加新组合。

（2）在弹出的荷载组合数据对话框中，对荷载组合进行命名，并将之前定义的荷载添加到工况组合列表中，操作如图 5-42 所示。

图 5-42　定义静力荷载工况组合

5. 定义结构分析类型

从定义菜单栏中选择荷载工况，本例中所涉及的三个工况均为线性静力分析。SAP2000对线性静力分析工况为默认状态，一般不需要进行选项的修改工作。

6. 施加单元均布荷载

（1）选定拟施加单元荷载的单元 BC，所选单元呈虚线形式。

（2）从指定菜单栏中选择框架荷载，在下拉菜单中选择分布荷载。

（3）在弹出的框架分布荷载对话框中，荷载模式名称为 dis12，即 12 kN/m 的均布荷载，方向为重力方向，荷载值为 12 kN/m，见图 5-43。

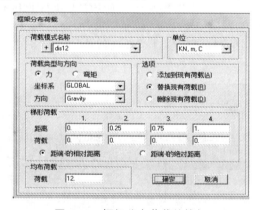

图 5-43　框架分布荷载的施加

施加均布荷载后的有限元模型示意图如图 5-44 所示。

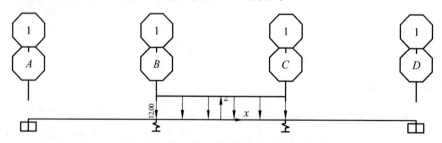

图 5-44　施加均布荷载后的有限元模型

7. 设置结构分析类型

从分析菜单中选择分析选项，在对话框中选择平面框架，见图 5-45。

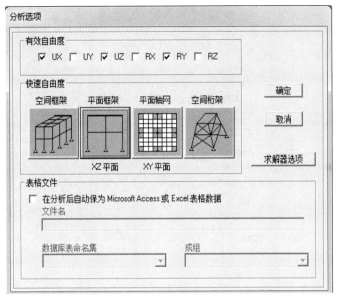

图 5-45　设置结构分析类型和相应节点自由度操作

8. 执行分析

从分析菜单中选择设置运行的荷载工况，确定需要执行的和不需要执行的荷载的工况，开始运行计算，见图 5-46。

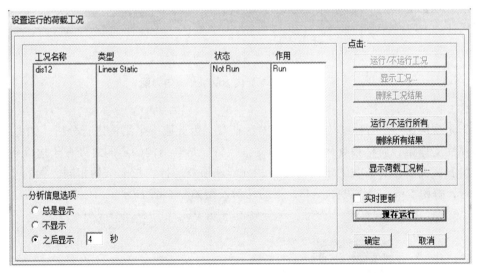

图 5-46　执行需要计算的荷载工况

9. 显示单元内力

计算完成后，可以从显示菜单中显示计算结果。从显示菜单栏中选择显示力、应力，在子菜单中选择框架，在弹出的对话框中选择需要显示的工况、内力分量等选项，见图 5-47。

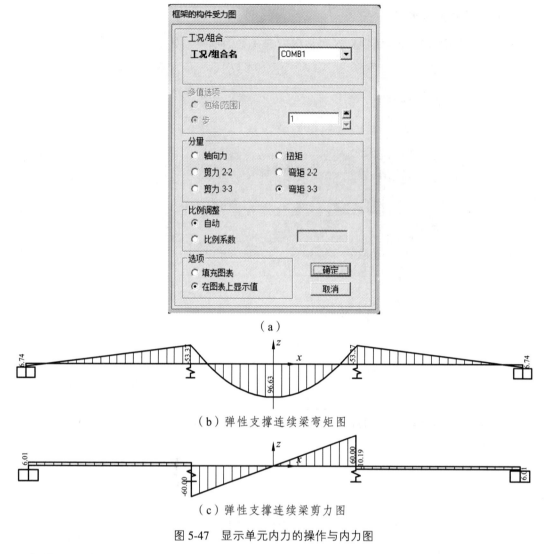

（a）

（b）弹性支撑连续梁弯矩图

（c）弹性支撑连续梁剪力图

图 5-47　显示单元内力的操作与内力图

解法二：

由于此结构为一个对称结构，承受正对称荷载，因此取一半结构进行分析。如图 5-29 的半结构弹性支撑梁，对称轴处用一个滑动支座代替。与全结构的不同之处在于边界条件的变化。材料和截面属性、荷载的定义与设置、分析选项及运行均与全结构相同。梁的几何模型采用 3 跨，每跨 5 m。操作见图 5-48，梁的几何模型如图 5-49 所示。

图 5-48　半结构弹性支撑梁跨数布置及跨长设定

60

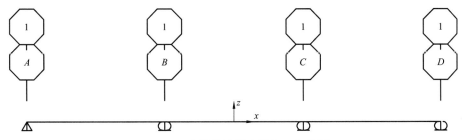

图 5-49　半结构弹性支撑梁几何模型

初始梁模型建立后，通过设置节点约束，使初始模型转化为求解问题的模型。节点 A 为固定约束，B 节点无约束，C 节点为弹性支撑，刚度为 6 027 N/m，这三个节点约束的设置方法在解法一中已经详细介绍。节点 D 为滑动支座，支座允许在 z 方向产生位移。选择节点 D，从指定菜单栏中选择节点，子菜单栏中选择约束，在弹出的节点约束对话框中（图 5-50）选中固定约束，然后释放 z 方向（3 轴）的平动约束，完成节点约束的设定。梁的几何模型如图 5-51。

图 5-50　设定节点 D 的滑动约束

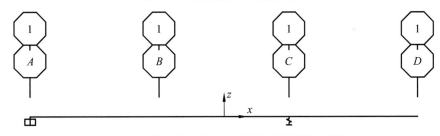

图 5-51　节点约束设置完成的半结构弹性支撑梁

其他操作与解法一一致，得到半结构的弯矩和剪力如图 5-52 所示。

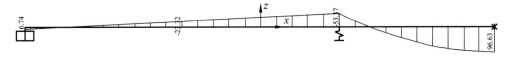

（a）半结构弹性支撑连续梁弯矩图

（b）半结构弹性支撑连续梁剪力图

图 5-52　半结构弹性支撑连续梁内力图

5.2　平面刚架静力分析

一般而言，刚架是由直杆组成具有刚性节点的结构，各杆件主要受弯。刚架的节点主要是刚节点，也可以有部分铰节点或组合节点。刚架结构可分为单层和多层刚架结构。门式刚架一般也叫单层刚架，是由直线形杆件（梁和柱）组成的具有刚性节点的结构。单层刚架按结构受力条件来分有无铰刚架、两铰刚架、三铰刚架，按结构材料来分有胶合木结构、钢结构、混凝土结构，按构件截面来分则有实腹式刚架、空腹式刚架、格构式刚架、等截面和变截面刚架。刚架具有内部有效使用空间大、结构整体性好、刚度大、内力分布均匀和受力合理等优点。

常见的刚架见图 5-53。

图 5-53　常见刚架

对于刚架的计算简图，通常简化为杆系结构。当荷载与结构在同一平面上时，为平面刚架；当荷载与结构不在同一平面内时，为空间刚架。

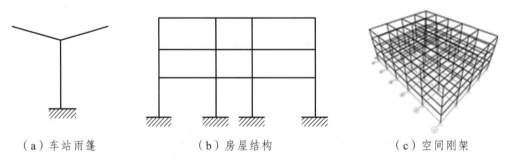

（a）车站雨篷　　　　　（b）房屋结构　　　　　（c）空间刚架

图 5-54　平面刚架和空间刚架

具有刚性节点是刚架的主要特征。在刚节点处，各汇交杆端连成一个整体，彼此不发生相对移动和相对转动，即荷载作用后，刚节点处各汇交杆件之间的夹角仍保持不变。图 5-55 表示出刚架结构刚性节点的变形特征。

刚架的杆件截面一般有弯矩、剪力和轴向力三种内力。然而，在线弹性范围内，三种内力比较而言，弯矩影响起主要作用。由于刚节点能够承受负弯矩作用，从而削弱了结构中的最大正弯矩，因此刚架的受力情况较梁而言更加合理。

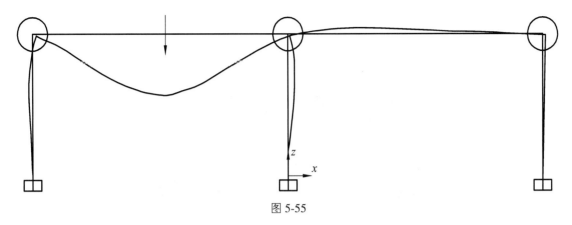

图 5-55

刚架是由直杆组成的具有刚节点的结构，建筑中的框架结构和桥梁中的刚构桥就是典型的刚架结构。刚架结构受力包括轴力、剪力、弯矩和扭矩等，刚架结构变形包括弯曲变形、剪切变形和轴向变形。经典位移法理论为简化计算，通常只考虑杆件的弯曲变形，这可能带来误差。用计算机程序进行刚架结构分析，可以很方便地考虑结构的轴向变形和剪切变形的影响。

例 5-3 如图 5-56 所示刚架，刚架 E=常数，n=2.5，试作其 M 图，并讨论当 n 增大或减小时 M 图如何变化。

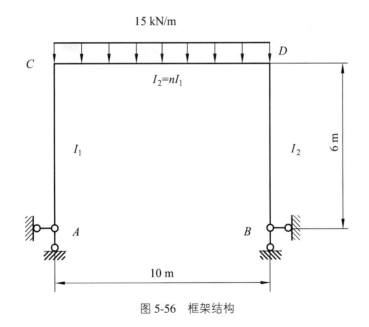

图 5-56 框架结构

【操作步骤】

（1）选取计算模型量纲为 kN，m，C。

（2）选择"二维框架模板"如图 5-57，在"门式框架"对话框中，将楼层数和开间数设置为1，楼层高度为 6 m，开间为 10 m，如图 5-58 所示。

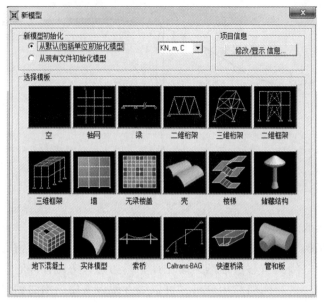

图 5-57　选择二维框架

图 5-58　设置楼层、开间及尺寸

（3）两节点为固定铰支座，SAP2000 中二维框架节点约束的生成默认为固定铰支座，因此不必进行节点约束的修改。生成的框架如图 5-59 所示。

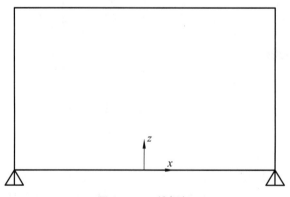

图 5-59　二维框架

（4）定义材料：在定义菜单栏中选择材料，在定义材料对话框中点击添加新材料，得到图 5-60 所示的对话框，将弹性模量修改为 2.1×10^8。

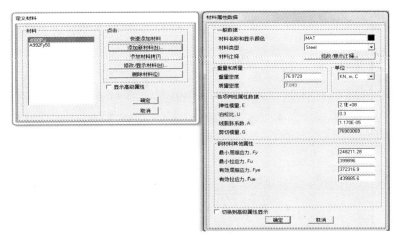

图 5-60　设置材料属性

（5）定义单元截面：梁和柱的截面都设置为正方形截面，柱的边长为 0.4 m，梁的边长为 0.5 m，则 $I_梁=2.5I_柱$。在定义菜单栏中选择截面属性，点击框架截面按钮，在弹出的框架属性对话框中，选择添加新属性，如图 5-61 所示；选择矩形截面，得到图 5-62 所示的对话框，进行梁和柱的截面尺寸设置。选中梁，此时梁呈虚线形式。在指定菜单栏中选择框架，点击框架截面，选择"liang"截面，点击确定，此时梁上将出现"liang"。同理，将"zhu"截面指定给两根立柱，指定截面后的几何模型如图 5-63。

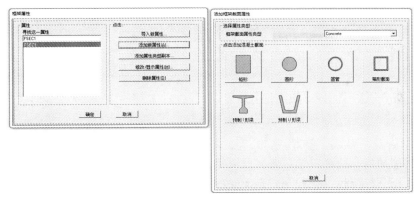

图 5-61　截面属性的定义

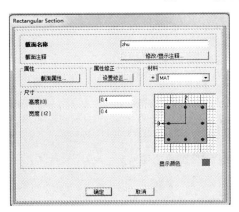
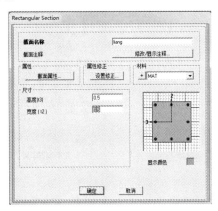

图 5-62　梁与柱的尺寸设置

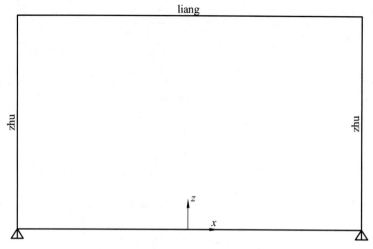

图 5-63　指定截面后的框架几何模型

（6）定义结构静力荷载工况，操作为："定义-荷载模式"，在图 5-64 所示弹出的对话框中输入荷载模式名称为"dis15"即 15 kN/m 的均布荷载，自重系数为 0，即不考虑自重荷载影响，单击添加新的荷载模式然后点击确定完成荷载模式的定义。

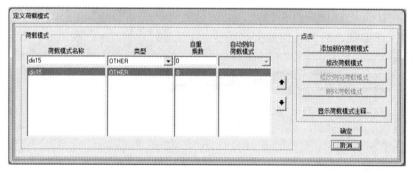

图 5-64　定义荷载模式

（7）对梁施加均布荷载：选择梁，此时梁呈虚线形式。指定菜单栏中选择框架荷载，在子菜单栏中选择分布荷载，在图 5-65 所示的分布荷载对话框中，在均布荷载栏中输入 15 即可。施加荷载后的几何模型如图 5-66 所示。

图 5-65　框架荷载的输入

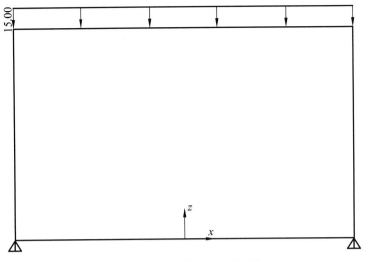

图 5-66　完成荷载的定义与施加

（8）设置结构分析类型，在分析菜单栏中选择分析选项，弹出图 5-67 所示的对话框，在快速自由度选项中选择平面框架按钮。

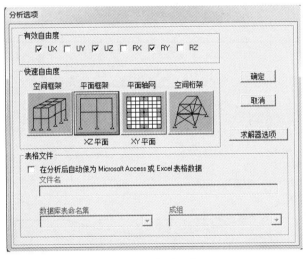

图 5-67　分析选项设置

（9）执行分析。从分析菜单中选择设置运行的荷载工况，确定需要执行的和不需要执行的荷载的工况，开始运行计算。

（10）显示单元内力。计算完成后，可以从显示菜单中显示计算结果。从显示菜单栏中选择显示力、应力，在子菜单中选择框架，在弹出的对话框中选择需要显示的工况、内力分量等选项，见图 5-68。

（11）若 $I_柱$=2.5$I_梁$，立柱的截面边长仍取 0.4 m，梁的边长为 0.3 m，其他操作不变，在设置框架截面时添加新属性，新建截面命名为 "liang1"，如图 5-69 所示。

（12）经过计算得到结构的弯矩图如图 5-70 所示，与图 5-68 的弯矩图相比，梁所承受的弯矩明显变小。可见弯矩的分配与结构自身各部分的相对刚度密不可分，结构刚度大的部分，其承担的内力也相对较大。

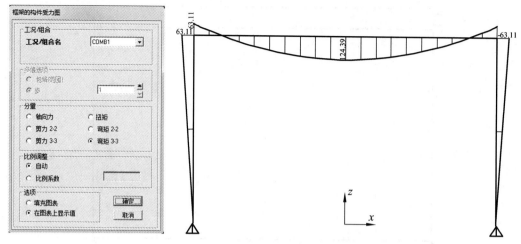

图 5-68   显示单元内力的操作和内力图

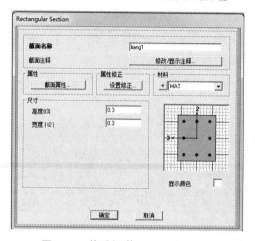

图 5-69   修改梁截面尺寸为 0.3 m

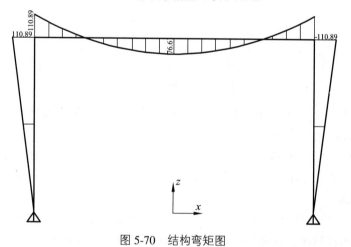

图 5-70   结构弯矩图

例 5-4   本例介绍使用 SAP2000 中由下至上的建模方式进行平面刚架（图 5-71）的建模，并进行分析绘制弯矩图和变形图。例题模型为两层平面框架结构，材料采用 Q345 钢材，所有杆件采用统一的工字形截面。

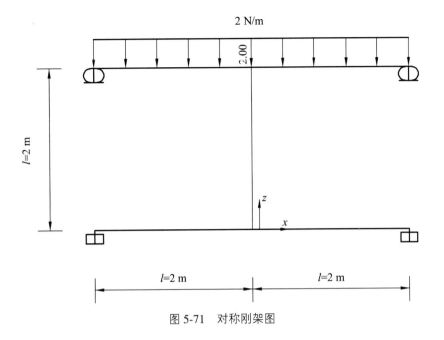

2 N/m

2.00

$l=2$ m

z

x

$l=2$ m $l=2$ m

图 5-71　对称刚架图

【操作步骤】

（1）打开 SAP2000 应用程序，在右下角选择计算单位为 N，m，C，按图 5-72 所示步骤操作。

图 5-72　单位的选择

该问题为静力分析，只涉及 3 个基本的独立物理量单位，即长度、力、弹性模量。因此，只要做到这 3 个单位统一就行了，当长度的单位用 m，力的单位 N 时，弹性模量的单位为 N/m^2，而应力的结果自然也就是 N/m^2，对应的密度单位则是 kg/m^3。在 SAP2000 中，右下角可随时切换不同单位制，但仅是不同单位制下数值的转换显示，并不改变初始的几何尺寸设定，以及弹性模量的输入值。

（2）建立几何计算模型：点击【文件】-【新模型】-【空白】。该示例中，不采用程序自带的模板模型，以下采用类似于一般 CAD 中的由下至上的建模方式。观察模型为对称结构，采用只建半结构的模型，然后采用单元复制、移动等功能，完成整个建模工作。按图 5-73 所示 1-2 步骤操作。

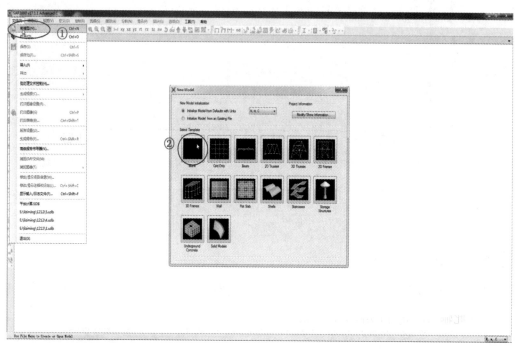

图 5-73　模型的选择

点击空白之后，在弹出页面的工具栏点击 **XZ**，将视图转换到 xz 平面，由于是平面模型，不需要三维的视角，因此关闭右边的视图。在 SAP2000 中，默认的结构竖直方向为 z 轴方向，因此建模时建议将结构的竖直方向设定为 z 轴方向，按图 5-74 和图 5-75 所示步骤操作。

图 5-74　xz 平面的建立

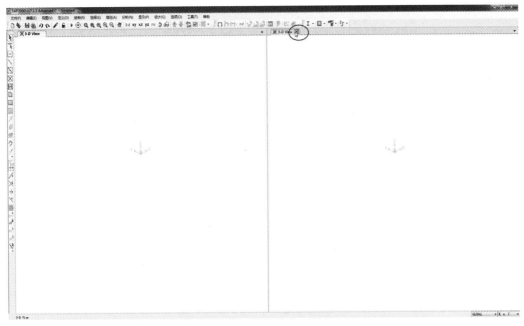

图 5-75　删除右侧的视图

点击左列工具栏中的【快速绘制框架/索单元】，在【对象属性】中选择【绘图控制类型】并点击固定 dh 和 dv<D>输入 dx 和 dy 的长度，其中 dx=0，dy=2。注意：由于当前视图为 *xz* 平面，因此输入的 dy 值实际方向为沿 *z* 轴方向，按图 5-76 所示 1-2-3 步骤操作。

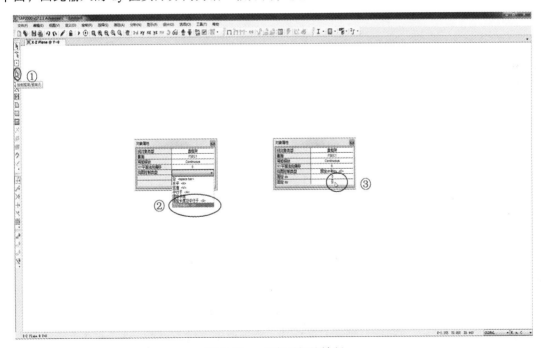

图 5-76　*z* 方向刚架的绘制

z 方向的刚架绘制完成后，采用同样的绘制方法，绘制出 *x* 方向的刚架，此时输入 dx=2，dy=0，按图 5-77 所示步骤操作。

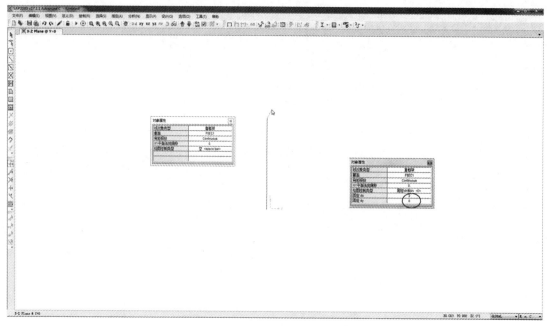

图 5-77 x 方向的刚架绘制

最后关闭【对象属性】，模型的四分之一就绘制完成了，按图 5-78 所示步骤操作。

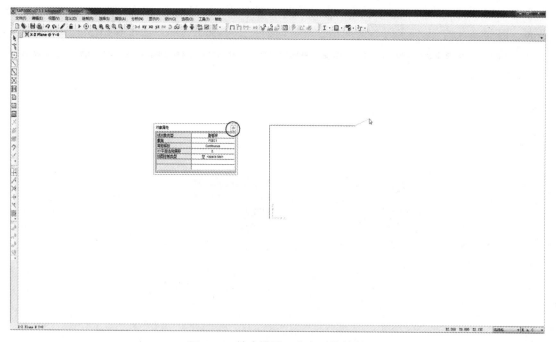

图 5-78 结束模型四分之一的绘制

模型剩下部分的绘制利用拉伸和复制完成。首先单击右键节点处，然后点击【编辑】-【拉伸点成框架/索】，接着在弹出的窗口中输入需要复制的间距 dx，dy，dz 的值，其中 dx=-2，dy=0，dz=0，最后点击 ok。注意这个 dx=-2 中的负号表示的是绘制的刚架的方向，与坐标轴的方向一致。按图 5-79 所示步骤 1-2-3 操作。

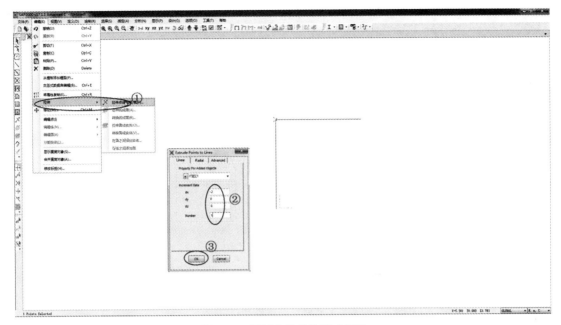

图 5-79　通过点的拉伸形成框架

按图 5-79 的步骤操作完之后，形成图 5-80 所示的刚架，此时题目中的刚架的上部已经建模完成。

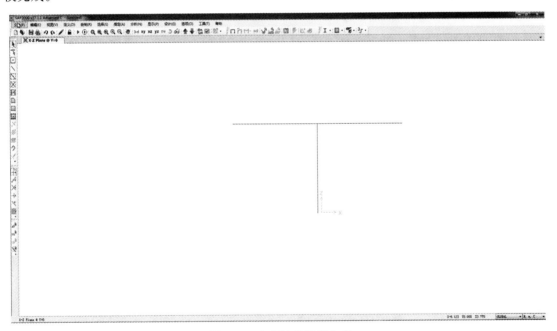

图 5-80　上部结构建模完成

下部的刚架通过复制来完成。右键单击水平的两根刚架，然后点击【编辑】-【带属性复制】，在弹出的窗口中输入复制的间距 dx，dy，dz 的值和需要复制的数目 number 的值，其中dx=0,dy=0,dz=-2,number=1,最后点击 ok。同样的要注意正负号。按图 5-81 所示步骤 1-2-3-4操作。

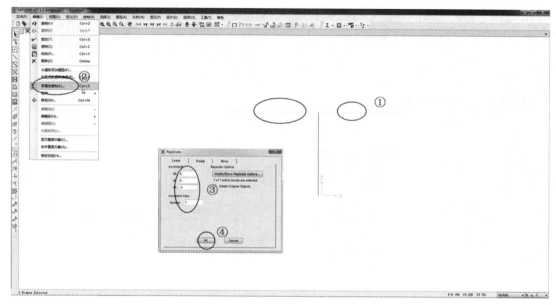

图 5-81　刚架的复制

全部操作完成后就会形成如图 5-82 所示的刚架。至此，该题目的刚架的基本几何部分已经全部建模完成。建模的方式采用的是首先建立局部各个构件，然后通过对构件的拉伸、复制、移动构成整体结构。该种方法适合于任意结构，尤其是不规则结构。这种方法可以节省多次的重复性工作，节约大量的时间。

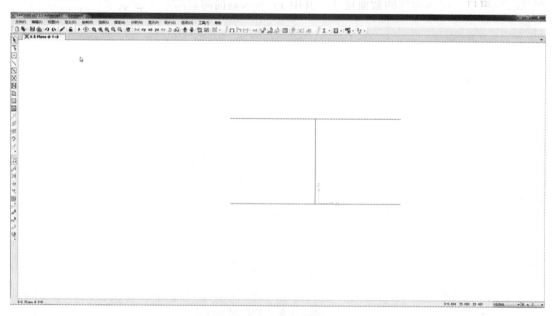

图 5-82　结构模型

（3）定义刚架的材料特性和截面属性。选择【定义】-【定义材料】，在弹出的窗口中点击【添加新材料】，然后在弹出的窗口地区一栏中选择中国，选择 Material Type 为 Steel，Standard 为 GB，Grade 为 Q345，最后点击 ok，表明材料采用的是中国的钢结构规范中的 Q345 的钢材。按图 5-83 所示步骤 1-2-3-4 操作。

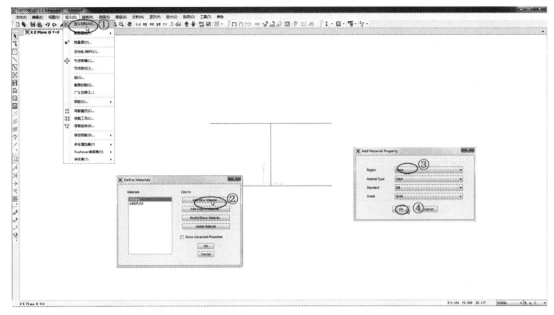

图 5-83　定义刚架的材料

定义刚架的截面属性。选择【定义】-【截面属性】-【框架截面】，在弹出的窗口中点击【修改/显示性质】，SAP2000 的程序中默认给定了一个工字钢截面，本例中不再新建截面，采用对原有截面进行修改的模式。首先在弹出的窗口左下端【材料】中选择 Q345，点击 ok，回到之前的窗口，选择构件的截面尺寸，其中 t3 表示截面的总高度，t2 表示上翼缘的宽度，tf 表示上翼缘的厚度，tw 表示腹板的厚度，t2b 表示下翼缘的宽度，tfb 表示下翼缘的厚度，按照题目给定的截面尺寸，分别输入：t3=0.3048，t2=t2b=0.127，tf=tfb=9.652×10^{-3}，tw=6.35×10^{-3}，再次点击 ok，定义好了截面的尺寸。按图 5-84 所示 1-2-3-4 步骤操作。

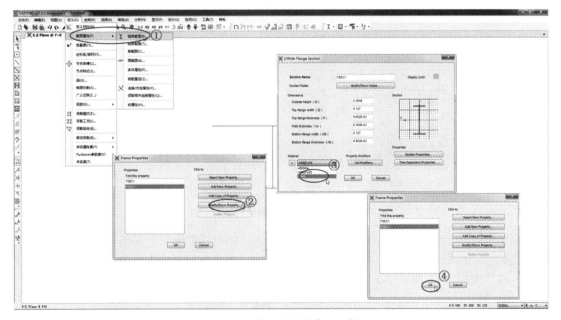

图 5-84　定义刚架的截面属性

（4）指定刚架的约束。单击右键刚架上部的两段端点。该两处为活动铰支座，仅提供竖向的支撑，依次选择【指定】-【节点】-【约束】，在弹出的窗口中点击 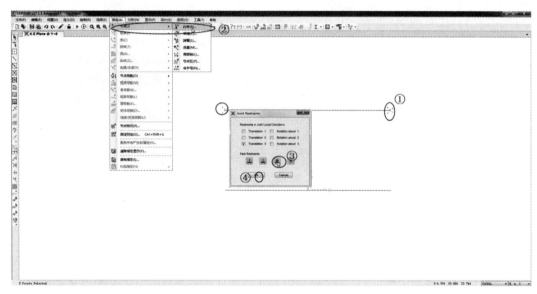，这个符号就是 SAP2000 中对活动铰支座的形象表示，最后点击 ok。按图 5-85 所示 1-2-3-4 步骤操作。操作完成后如图 5-86 所示。

图 5-85　刚架的节点约束

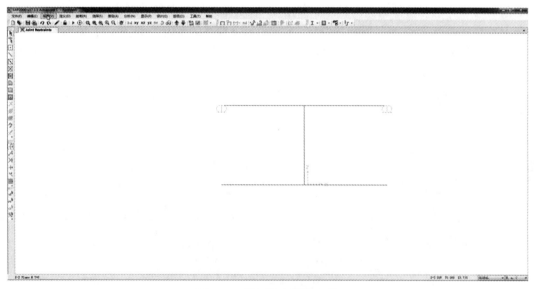

图 5-86　设置竖向链杆支撑

继续重复上一步的操作，约束刚架下部的节点，单击右键刚架下部的两段端点。该两处为固定支座，依次选择【指定】-【节点】-【约束】，在弹出的窗口中点击固定端的图标，最后点击 ok。按图 5-87 所示 1-2-3-4 步骤操作。全部操作完成之后如图 5-88 所示。这样就把 4 个端点的支座约束设置好了。在 SAP2000 中，表示铰支座，约束水平和竖直两个方向的位移。•表示在所选的端点中没有约束。剩下的两个已在例子中有所应用。在弹出的 Joint

Restraints 窗口中，Translation1、Translation2 和 Translation3 分别表示的是 1 轴平移、2 轴平移和 3 轴平移。Rotation about1、Rotation about2 和 Rotation about3 分别表示绕 1 轴转动、绕 2 轴转动和绕 3 轴转动，这里的 1，2，3 为局部坐标轴。把这 6 个全部勾选表示固接，即三个方向的位移和三个方向的转角都被约束住了，对应下面的 。如果把左边的全部勾选的话就表示铰接，只约束位移不约束转角，对应下面的 。如果只勾选 Translation3 则表示只约束 z 方向位移，对应下面的 。要是全都不勾选的话表示所选的端点没有约束，对应下面的 。

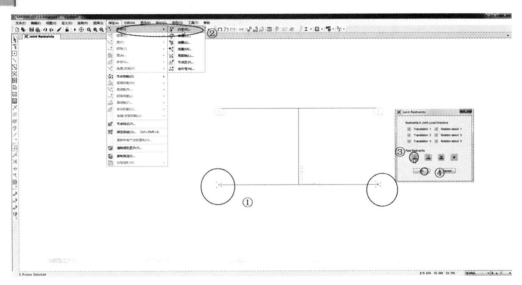

图 5-87　刚架下部节点的约束

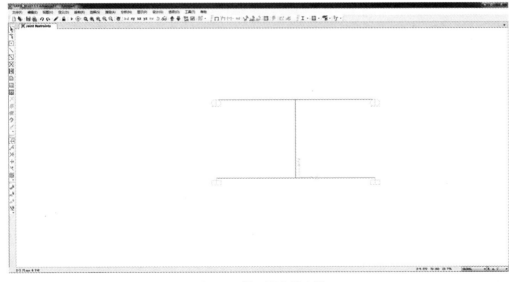

图 5-88　设置固定端支撑

（5）施加荷载。右键单击刚架上部，选择【指定】-【框架荷载】-【分布】，在弹出的窗口的左下端荷载项输入 2，其中 Load Pattern Name 选择 Dead，荷载模式选择默认的恒荷载；Units 单位选择 N，m，C，仍采用国际单位制；Load Type and Direction 选择 Force，表明采用的是力的形式；Coord Sys 选择 Global，表明采用的是整体坐标系；Direction 选择 Gravity，表明方向选择的是重力方向。需要注意的是，重力方向以沿 z 轴负方向为正，因此在该处也可以选择-z 方向，效果是一致的；Options 选择的是 Replace Existing Load，表示是将原有荷载替换，其他的 Add to Existing Loads 表示添加到现有荷载，Delete Existing Load 表示删除现有荷载。由于本结构中未设置原有荷载，因此选择 Add to Existing Loads 效果是一致的，但当结构中已布置了部分荷载后，该处的两个选项需要注意，容易出现荷载叠加或荷载替换的问题。下面的点荷载中 8 个方框中填不同的数值就可以定义各种各样的荷载形式，我们需要的是均布荷载，所以在荷载这一排的方框中输入的都是 0，在左下角的统一荷载方框中输入 2。如果需要的是三角形荷载或者其他形式的荷载，就需要在点荷载下的 8 个方框中输入相应的数值。最后点击 ok。按图 5-89 所示步骤操作。操作完成之后如图 5-90 所示。

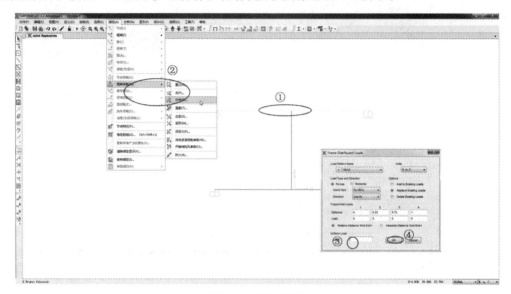

图 5-89 施加荷载

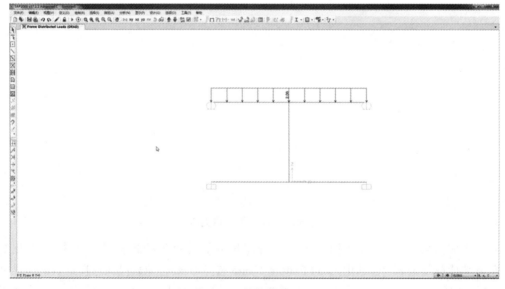

图 5-90 结构荷载显示

78

（6）实际结构的设计计算中，结构的自重是必须要考虑的重要荷载。在经典的力学分析中，为了更清晰地描述出外荷载对结构内力的影响，通常不考虑结构本身的自重。同时在本例中，为了与手算结果进行对比，因此，忽略刚架自重的影响。选择【定义】-【荷载模式】，在弹出的窗口中，SAP2000默认为有恒荷载的荷载模式（Dead），该模式仅考虑的是结构的自重，将Self-Weight Mutilate（自重的影响系数）从1更改为0，即不考虑自身重力荷载，同时点击修改荷载模式（Modify Load Patters），按图5-91所示操作。

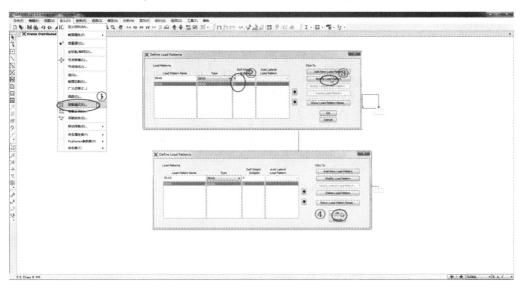

图5-91　刚架自重的消除

至此，该例题的前处理部分已经完成。

（7）执行分析计算。选择工具栏中的【运行】，在弹出的窗口中点击【现在运行】，最后保存文件。如果在之前的步骤中已经保存过文件，在这种情况下这一步保存文件的步骤就不会跳出来。按图5-92所示步骤操作。

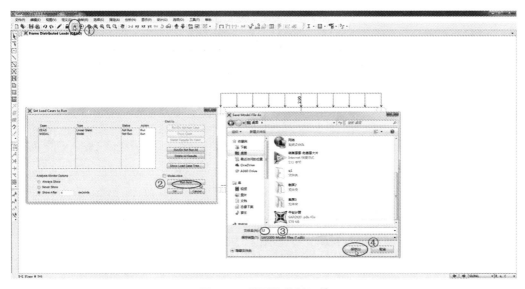

图5-92　模型的分析运算

（8）结构的后处理，主要关注的是结构的变形及受力，分别显示变形图和弯矩图。按图 5-93 的步骤操作。在上部的工具栏点击【显示变形】，即得到图 5-94 的变形图。点击显示变形后会弹出一个窗口，在 Option 这一栏中有两个选项：Wire Shadow 和 Cubic Curve。第一项的意思是在显示变形曲线的同时在原来未变形的地方用一条细黑线代替，如图 5-94 中的细黑线。这在 SAP2000 中是为了让使用者能在视觉上直观感受变形的程度。第二项表示的是变形显示为曲线，一般情况下这个选项都要选择，不然 SAP2000 就会显示的是直线，这肯定不会是实际的情况。在得到如图 5-94 所示刚架的变形图后，把鼠标移到节点处就会显示出节点位移和转角。或者单击右键跳出的窗口也可显示节点的位移和转角。其中节点的位移采用的是局部坐标系的表示方式，节点的局部坐标系方向默认与 x，y，z 轴相同，因此，U_3 表示节点 z 方向的变形位移，U_1，U_2 分别表示 x 和 y 方向的位移。从特殊节点的位移可以看出，对于这个对称结构而言，对称轴上，水平位移以及转角位移均为零，仅产生竖向位移，且节点的竖向位移也很小。

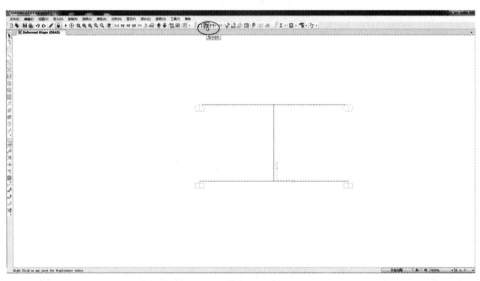

图 5-93　显示刚架的变形

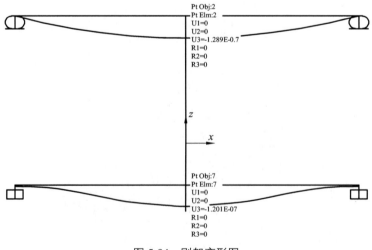

图 5-94　刚架变形图

80

点击【显示力/应力】-【框架/索/钢束】，在弹出的窗口中按照图 5-95 的 1-2-3-4 步骤操作。SAP2000 输出的结构内力，采用的均为局部坐标系。其中：1-1 表示的是扭矩，Moment2-2 表示的是绕 2-2 轴的弯矩，Moment3-3 表示的是绕 3-3 轴的弯矩，本例中选择 Moment3-3 绘制结构的弯矩图。同时在 Options 中选择 Show Value on Diagram，表示在图形中显示数值，操作完成后得到如图 5-96 所示的刚架弯矩图。

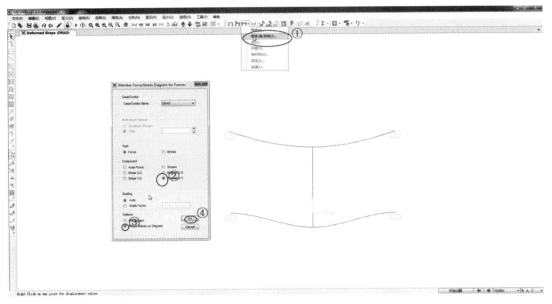

图 5-95　显示刚架的弯矩图

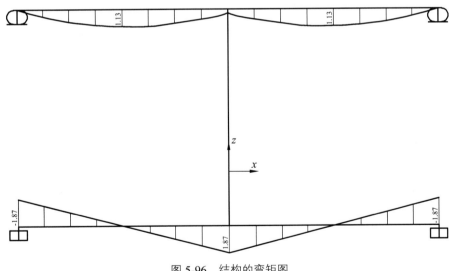

图 5-96　结构的弯矩图

为了对计算结果进行评价，采用人工手算的方法，对计算结果进行校核。由于是对称结构，利用对称性，仅取半结构进行分析，中部竖向刚架简化为刚度无穷大，分别在水平杆端设置连杆支撑，基于位移法进行计算。对于该半结构，仅有一个未知量，得到位移法的典型方程，并分别绘制出 M_1 图和 M_P 图，见图 5-97；求出相应的系数及未知量，并采用叠加法从而绘制出结构的最终弯矩图，见图 5-98。

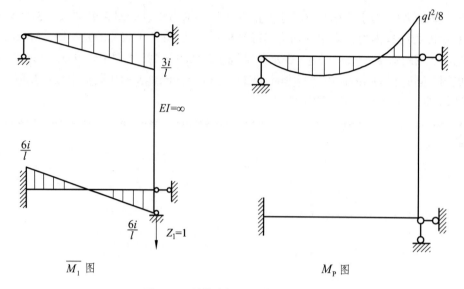

$\overline{M_1}$ 图 M_P 图

图 5-97   单位弯矩图及荷载弯矩图

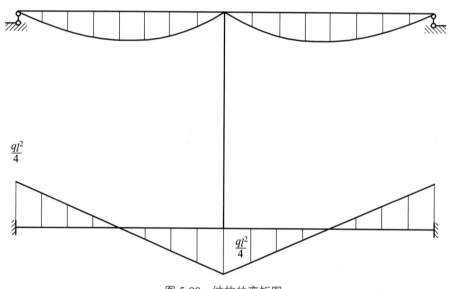

图 5-98   结构的弯矩图

$$r_{11}\Delta_1 + R_{1P} = 0 \tag{5-1}$$

$$r_{11} = \frac{12i}{l^2} + \frac{3i}{l^2} = \frac{15i}{l^2} \tag{5-2}$$

$$R_{1P} = -\frac{5ql}{8} \tag{5-3}$$

$$\Delta_1 = \frac{ql^3}{24i} \tag{5-4}$$

$$M = \overline{M_1}\Delta_1 + M_P \tag{5-5}$$

对比采用数值仿真计算的结果，有两处明显的不同：一是从弯矩图的形状来看，手算结果的上部刚架杆件弯矩图为理想的二次抛物线，A 点处弯矩值为零，而数值仿真结果中，A 点处弯矩不为零。二是最大弯矩数值不同，手算中 B 点处的弯矩值（当 $l=2$ m，$q=2$ N/m 时，$\frac{1}{4}ql^2 = 2$ N·m）为 2 N·m，数值仿真中 B 点中的数值为 1.87 N·m。这是由于在手算的时候，取半对称结构把中间竖直的杆件的 EI 看成无穷大，而在 SAP2000 计算中软件并不会把中部竖杆的刚度当作无限值来计算而是当作有限刚度，从而造成两者的差异。但是通过对比发现差异并不大，二者的差异仅为 6.5%。

例 5-5 图 5-99 所示三铰刚架右边支座的竖向位移为 $\Delta_{By} = 0.06$（向下），水平位移为 $\Delta_{Bx} = 0.04$（向右），已知 $l=12$ m，$h=8$ m，试求由此引起的 A 端转角 φ_A。

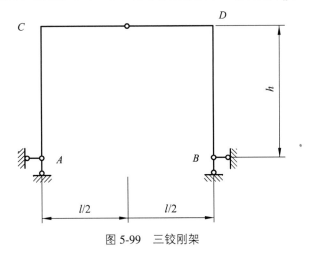

图 5-99　三铰刚架

【操作步骤】

（1）选取计算模型量纲为 kN，m，C。

（2）与例 5-3 操作相似，选择"二维框架"图标，在"门式框架"对话框中，楼层数和开间数分别输入 1，楼层高度输入 8，开间输入 12。

（3）由于是三铰刚架，在梁中点有一个铰，因此需要将横梁分为两个单元。其操作步骤为：选中横梁单元，执行"编辑-编辑线-分割框架"得到图 5-100 所示的对话框，设置分割为 2 段。

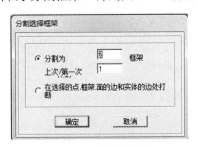

图 5-100　分割横梁单元

（4）释放单元端部弯矩。铰处的弯矩为 0，因此需要释放横梁中点处铰的弯矩。首先选中左部横梁单元，在指定菜单栏中选择框架，在子菜单中选择释放/部分固定按钮，弹出对话框如图5-101所示，选择释放终点处的两个弯矩。同理释放右端横梁的起点弯矩，得到几何模型如图5-102。

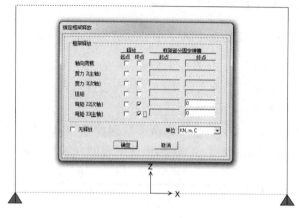

图 5-101　释放弯矩操作

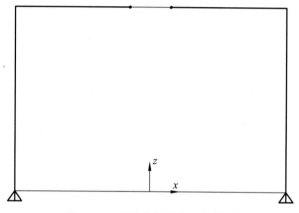

图 5-102　释放弯矩后的几何模型

（5）定义材料：操作同例 5-3 相同，将弹性模量修改为 2.1×10^8。

（6）定义单元截面：操作与例 5-3 相同，截面为矩形形式，尺寸为 0.4 m，并将截面指定给几何模型的梁与柱。指定截面后的几何模型如图 5-103。

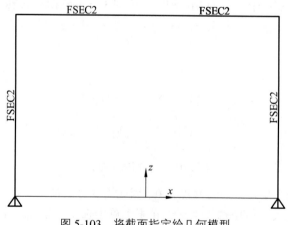

图 5-103　将截面指定给几何模型

（7）定义结构静力荷载工况，操作为："定义-荷载模式"，在图 5-104 所示的对话框中输入荷载模式名称为"weiyi"，自重系数为 0，即不考虑自重荷载影响，单击添加新的荷载模式，然后点击确定完成荷载模式的定义。

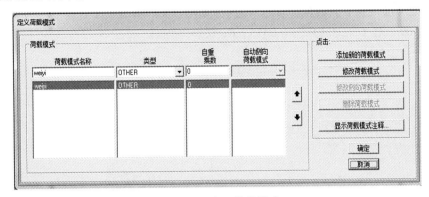

图 5-104　定义荷载模式

（8）对右端铰支座施加位移作用。选择右端铰支座处的节点，在指定菜单栏中选择节点荷载，在子菜单中选择位移，弹出图 5-105 所示的对话框。如图按照题意输入位移值。确定后得到图 5-106 所示的加载后的几何模型图。

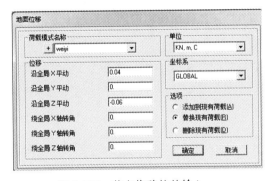

图 5-105　节点位移值的输入

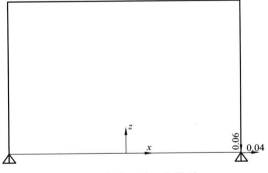

图 5-106　加载后的几何模型

（9）设置结构分析类型，在分析菜单栏中选择分析选项，弹出图 5-107 的对话框，在快速自由度选项中选择平面框架按钮。

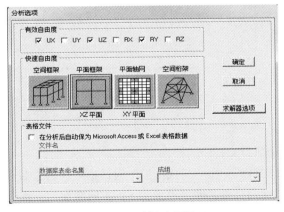

图 5-107　分析选项设置

（10）执行分析。从分析菜单中选择设置运行的荷载工况，确定需要执行的和不需要执行的荷载的工况，开始运行计算。

（11）显示节点转角。计算完成后，在显示菜单中选择显示变形形状。将光标放置于所求转角的节点处，可得到节点的位移转角信息，如图 5-108。单击鼠标右键可得到节点信息对话框，如图 5-109。则 A 端的转角为 0.0075 rad，方向顺时针。

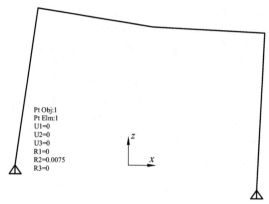

图 5-108　显示变形形状

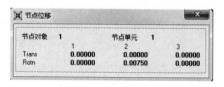

图 5-109　节点信息对话框

例 5-6　图 5-110 所示刚架施工时温度为 20 °C，试求冬季当外侧温度为 -10 °C，内侧温度为 0 °C 时 A 点的竖向位移 Δ_{Ay}。已知 $l=4$ m，$\alpha=10^{-5}$，各杆均为矩形截面，高度 $h=0.4$ m。

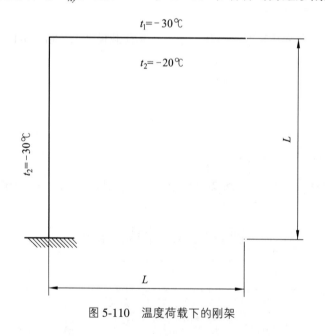

图 5-110　温度荷载下的刚架

【操作步骤】

（1）选取计算模型量纲为 kN，m，C。

（2）选择"二维框架图标"，在"门式框架"对话框中，楼层数和开间框中分别输入 1，楼层高度输入 4，开间输入 4。点击确定得到图 5-111 的刚架。选择框架的有侧立柱，在编辑菜单栏中选择删除按钮。选择左侧立柱上的固定铰支座处的节点，在指定菜单栏中选择节点，在子菜单中选择约束，快速指定栏中选择完全固定约束，点击确定完成节点约束的设置，如图 5-112 所示。

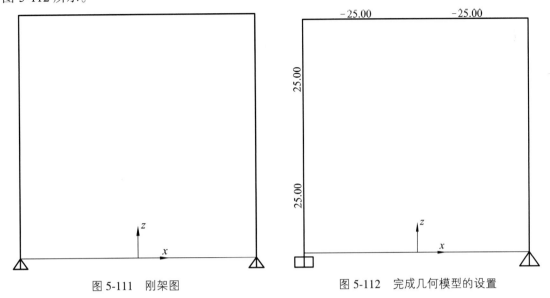

图 5-111　刚架图　　　　　　　　　　图 5-112　完成几何模型的设置

（3）定义材料：操作同例 5-3 相同，将弹性模量修改为 2.1×10^8。

（4）定义单元截面：操作与例 5-3 相同，截面为矩形形式，尺寸为 0.4 m，并将截面指定给几何模型的梁与柱。

（5）定义结构静力荷载工况，操作为："定义-荷载模式"，在图 5-113 所示弹出的对话框中输入荷载模式名称为 "wendu"，自重系数为 0，即不考虑自重荷载影响，单击添加新的荷载模式，然后点击确定完成荷载模式的定义。

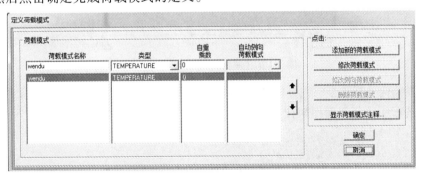

图 5-113　定义温度荷载

（6）施加单元的温度荷载。单元两侧的温差是按温度梯度来实施的，温度梯度定义为 $\Delta t/h$。因此首先计算温差：$\Delta t/h = 10/0.4 = 25$，即单位高度温度的变化率为 25 ℃/m。确定温度梯度输入的方向：若温度梯度的增加率方向与单元局部坐标 2 轴的方向一致，则输入值为正值，反之为负。因此需要显示各单元的局部坐标系，确定 2 轴的方向。其步骤为：选定待输入温度梯度的单元，执行"指定-框架-局部坐标系"命令，如图 5-114 所示，白色为 2 轴的方向。则横梁的温度梯度输入值为-25，立柱的温度梯度输入值为 25。横梁温度梯度输入操作如下：选择横梁，"指定-框架荷载-温度"得到图 5-115 所示的对话框，在类别中选择 2-2 温度梯度，即梯度是沿着 2 轴进行分布的，在温度栏中选择通过单元，温度梯度值输入-25，点击确定。

同理可设置立柱的温度梯度，得到图 5-116 所示的施加温度荷载后的几何模型。

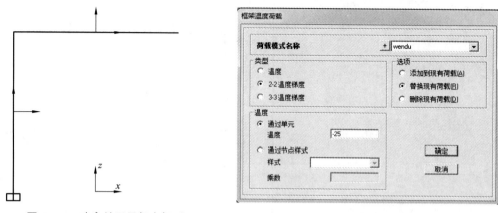

图 5-114　确定单元局部坐标系　　　　　　图 5-115　温度梯度荷载的输入

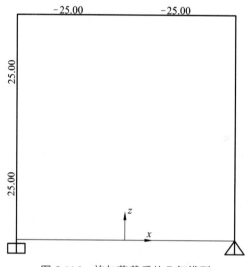

图 5-116　施加荷载后的几何模型

（7）设置结构分析类型，在分析菜单栏中选择分析选项，弹出图 5-117 所示的对话框，在快速自由度选项中选择平面框架按钮。

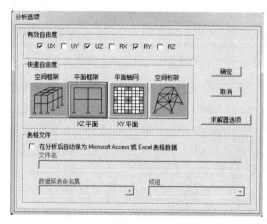

图 5-117　设置分析选项

（8）执行分析。从分析菜单中选择设置运行的荷载工况，确定需要执行的和不需要执行的荷载的工况，开始运行计算。

（9）查看节点 A 的竖向位移，如图 5-118 所示，A 节点的竖向位移为 6 mm，方向向上。

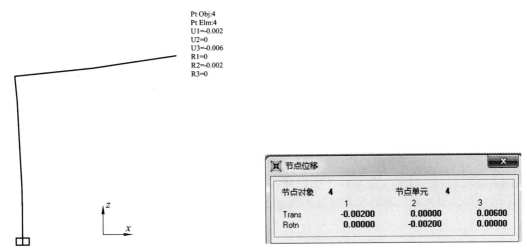

图 5-118　刚架变形图及 A 节点位移列表

5.3　桁架结构的静力分析

梁和刚架是以承受弯矩为主的结构形式，横截面上主要产生非均匀分布的弯曲正应力，而桁架则主要承受轴向力，截面上的应力是均匀分布的，可同时达到容许值，材料能得到充分利用。因此与梁相比，桁架的用料更节省，跨越能力也更强。

例 5-7　试求图 5-119 所示的 K 式桁架中 a 杆、b 杆和 c 杆的内力。（P=10 kN）

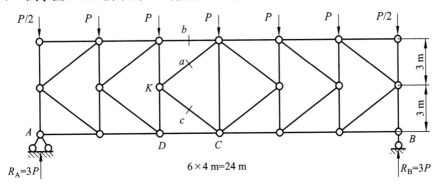

图 5-119　K 式桁架

【操作步骤】

（1）选取计算模型量纲为 kN，m，C。

（2）选择"二维平面框架"图标，框架"楼层数"输入 2，"开间数"输入 6，"楼层高"输入 3，"开间"输入 4。选中"快速绘制框架单元"工具完成下弦杆和斜杆的绘制，选择中间层的杆件，在编辑菜单栏中选择删除按钮。

（3）选择右端支座节点，操作步骤为"指定-节点-约束"，修改约束为竖向约束；选中中间 5 个节点修改为自由节点。创建的几何模型如图 5-120 所示。

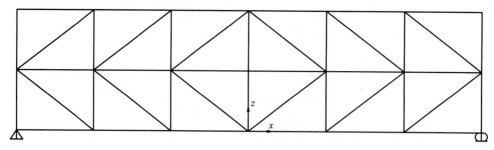

图 5-120　桁架几何模型

（4）定义材料：在定义菜单栏中选择材料，在定义材料对话框中点击添加新材料，得到图 5-121 所示的对话框，将弹性模量修改为 2.1×10^8。

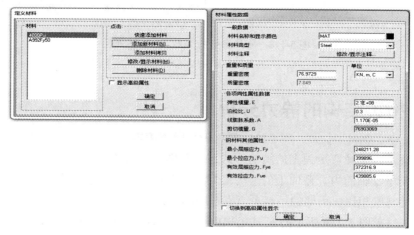

图 5-121　设置材料属性

（5）定义单元截面。在定义菜单栏中选择截面属性，在子菜单栏中选择框架截面，在弹出框架属性对话框中点击添加新属性，选择矩形截面，对截面的尺寸进行设置，如图 5-122 所示。将几何模型全选，从指定菜单栏中选择框架，在子菜单栏中选择框架界面，选中截面点击确定，将截面指定给几何模型，如图 5-123 所示。

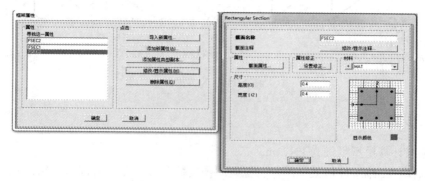

图 5-122　设置截面形式及尺寸

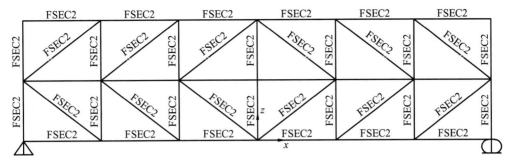

图 5-123 将截面指定给几何模型

（6）选择整个几何模型，在指定菜单栏中点击框架按钮，从子菜单栏中选择释放/部分固定按钮，对杆件的杆端弯矩进行释放，如图 5-124 所示。释放所有杆件的起点和终点的杆端弯矩，释放弯矩后的几何模型如图 5-125 所示。

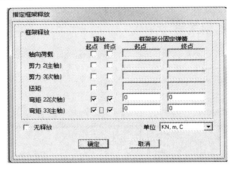

图 5-124　释放杆件端部的弯矩

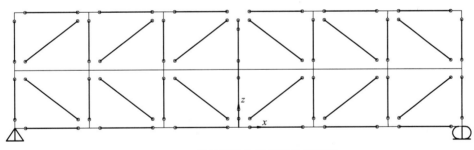

图 5-125　释放杆件弯矩后的几何模型

（7）定义结构静力荷载工况，操作为："定义-荷载模式"，在图 5-126 所示弹出的对话框中输入荷载模式名称为"P"，自重系数为 0，即不考虑自重荷载影响，单击添加新的荷载模式，然后点击确定完成荷载模式的定义。

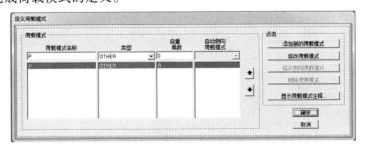

图 5-126　定义荷载

91

（8）按照题意，选取桁架顶层的 5 个中间节点，施加大小为 10 kN 的荷载，两个端部节点施加 5 kN 的荷载，施加荷载后的几何模型如图 5-127 所示。

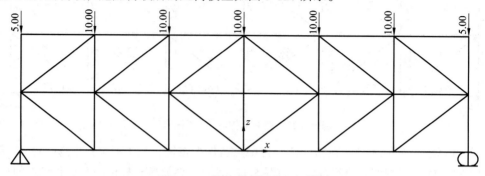

图 5-127　施加荷载后的几何模型

（9）设置结构分析类型，在分析菜单栏中选择分析选项，弹出图 5-128 所示的对话框，在快速自由度选项中选择平面框架按钮。

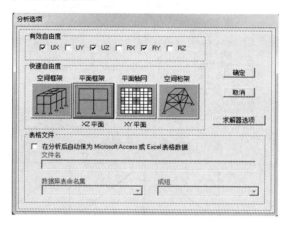

图 5-128　设置分析选项

（10）执行分析。从分析菜单中选择设置运行的荷载工况，确定需要执行的和不需要执行的荷载的工况，开始运行计算。

（11）在显示菜单栏中选择显示力/应力，在子菜单栏中选择框架按钮，按图 5-129 进行设置。

图 5-129　内力显示设置

（12）通过图 5-130 可知，杆件 *a* 受到大小为 4.17 kN 的压力，杆件 *b* 受到大小为 26.67 kN 的压力。

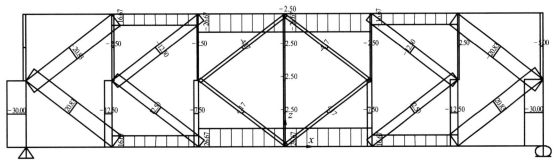

图 5-130　轴力图

例 5-8　求图 5-131 桁架中杆件 *a*、*b* 的内力。

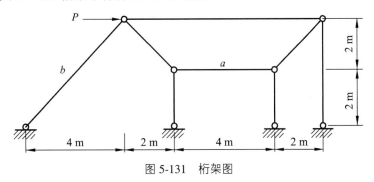

图 5-131　桁架图

【操作步骤】

（1）选取计算模型量纲为 kN，m，C。

（2）选择"二维平面框架"图标，框架"楼层数"输入 2，"开间数"输入 6，"楼层高"输入 2，"开间"输入 2。选中"快速绘制框架单元"工具完成斜杆的绘制，选择不需要的杆件，在编辑菜单栏中选择删除按钮。完成设置后的几何模型如图 5-132。

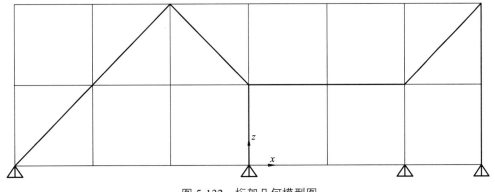

图 5-132　桁架几何模型图

（3）定义材料：在定义菜单栏中选择材料，在定义材料对话框中点击添加新材料，得到图 5-133 所示的对话框，将弹性模量修改为 2.1×10^8。

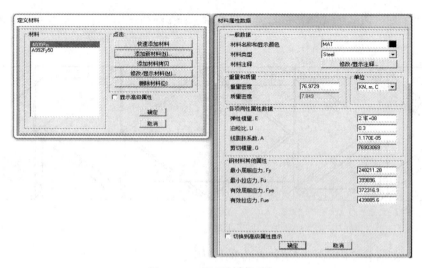

图 5-133　设置材料属性

（4）定义单元截面，在定义菜单栏中选择截面属性，在子菜单栏中选择框架截面，在弹出的框架属性对话框中点击添加新属性，选择矩形截面，对截面的尺寸进行设置，如图 5-134所示。将几何模型全选，从指定菜单栏中选择框架，在子菜单栏中选择框架界面，选中截面点击确定，将截面指定给几何模型，如图 5-135 所示。

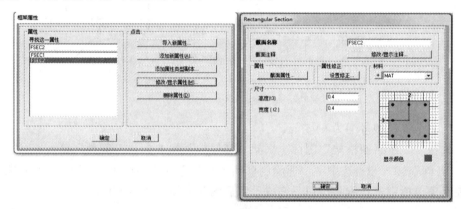

图 5-134　设置截面形式及尺寸

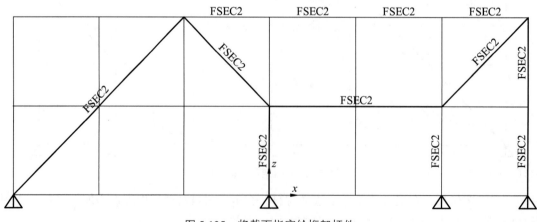

图 5-135　将截面指定给桁架杆件

94

（5）选择整个几何模型，在指定菜单栏中点击框架按钮，从子菜单栏中选择释放/部分固定按钮，对杆件的杆端弯矩进行释放，如图 5-136 所示。释放所有杆件的起点和终点的杆端弯矩，释放弯矩后的几何模型如图 5-137 所示。

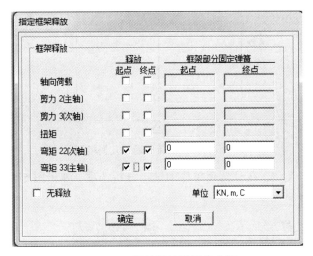

图 5-136　释放杆件端部的弯矩

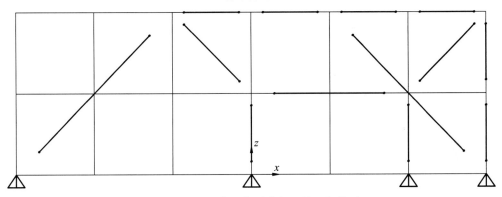

图 5-137　释放杆件杆端弯矩后的几何模型

（6）定义结构静力荷载工况，操作为："定义-荷载模式"，在图 5-138 所示弹出的对话框中输入荷载模式名称为"P"，自重系数为 0，即不考虑自重荷载影响，单击添加新的荷载模式，然后点击确定完成荷载模式的定义。

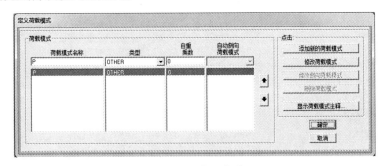

图 5-138　定义荷载

（7）按照题意，施加大小为 10 kN 的荷载，施加荷载后的几何模型如图 5-139 所示。

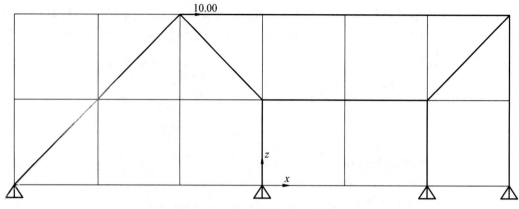

图 5-139　施加荷载后的几何模型

（8）设置结构分析类型，在分析菜单栏中选择分析选项，弹出图 5-140 所示的对话框，在快速自由度选项中选择平面框架按钮。

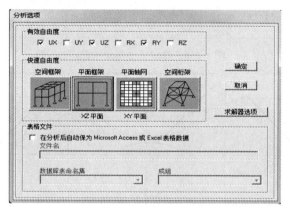

图 5-140　设置分析选项

（9）执行分析。从分析菜单中选择设置运行的荷载工况，确定需要执行的和不需要执行的荷载的工况，开始运行计算。

（10）在显示菜单栏中选择显示力/应力，在子菜单栏中选择框架按钮，按图 5-141 进行设置。

图 5-141　内力显示设置

（11）通过图 5-142 可知，杆件 *a* 受到大小为 10 kN 的压力，杆件 *b* 受到大小为 14.14 kN 的拉力。

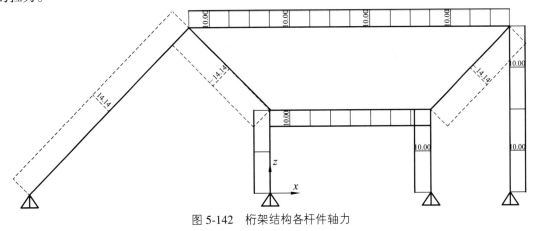

图 5-142　桁架结构各杆件轴力

5.4　单跨拱结构的静力分析

拱是轴线为曲线且在竖向荷载作用下会产生水平推力的结构。常用拱的类型有三铰拱、两铰拱和无铰拱三种（图 5-143），其中三铰拱是静定结构，后两种都是超静定的。

（a）三铰拱　　　　　　　　（b）两铰拱　　　　　　　　（c）无铰拱

图 5-143　单跨拱

拱和梁的区别不仅在于杆轴线的曲直，更重要的是拱在竖向荷载作用下会产生水平推力。由于推力的存在，拱的弯矩要比跨度、荷载相同的梁的弯矩小很多，主要承受压力。这就使得拱截面上的应力分布较为均匀，提高了材料使用效率。拱的主要优点在于可利用抗拉性能较差但抗压性能好的材料如混凝土、砖、石来建造；缺点在于支座主要承受水平推力，因此要求具有比梁结构更坚固的地基和支承结构。

有时，在拱的两支座间设置拉杆来代替支座承受水平推力，使其成为带拉杆的拱（图 5-144）。这样在竖向荷载作用下支座就只产生竖向反力，从而消除了推力对支承结构的影响。

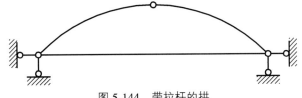

图 5-144　带拉杆的拱

例 5-9　图 5-145 为抛物线三铰拱的轴线方程 $y = \dfrac{4f}{l^2}x(l-x)$，试求截面 *K* 的内力。

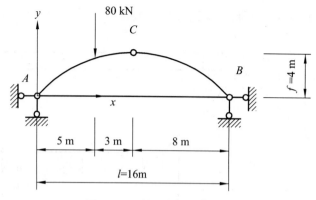

图 5-145　某三铰拱计算简图

关于模型的建立说明：SAP2000 没有专门绘制抛物线拱的图例，可采用"以直代曲"的方法构成所需曲线。首先绘出水平跨长并分成若干等份，而后单击每一分段点用修改 z 轴坐标的方法形成所需要的拱轴线。

（1）选取计算模型量纲为 kN，m，C。

（2）在初始模型中选择"梁"模型，"跨数"为 16，"跨长"为 1，点击确认。将最右端支座改为滑动约束，其余节点约束设置为自由节点。选择所需设置的节点，通过"指定-节点-约束"进行相关设置即可。跨中处通过铰进行连接，选择跨中节点 i 左右的两个单元，分别释放两单元 i 节点处的弯矩。选择所需释放弯矩的单元，通过"指定-框架-释放/部分固定"进行弯矩的释放即可，可得到图 5-146 所示的几何模型。

图 5-146　梁式结构几何模型

（3）选取所需改动 z 坐标的节点，点击鼠标右键，在弹出的图 5-147 对话框中选择位置，双击空白处，对 z 的坐标进行编辑，如图 5-148 所示。根据轴线方程，计算节点 z 坐标并进行修改，得到几何模型如图 5-149 所示。

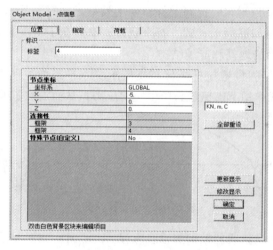

图 5-147　节点信息对话框

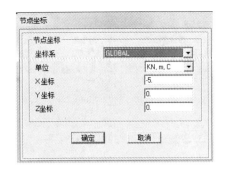

图 5-148　节点坐标对话框

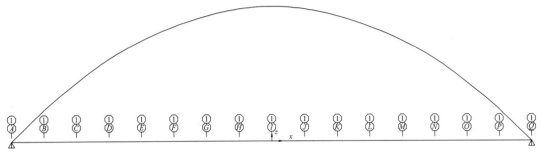

图 5-149　拱几何模型

（4）定义材料：在定义菜单栏中选择材料，在定义材料对话框中点击添加新材料，得到图 5-150 所示的对话框，将弹性模量修改为 2.1×10^8。

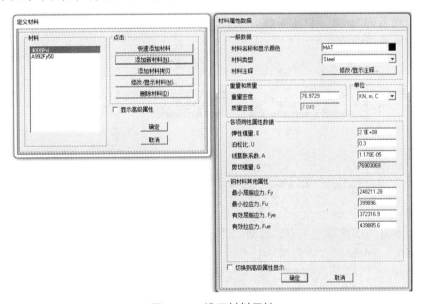

图 5-150　设置材料属性

（5）定义单元截面，在定义菜单栏中选择截面属性，在子菜单栏中选择框架截面，在弹出的框架属性对话框中点击添加新属性，选择矩形截面，对截面的尺寸进行设置，如图 5-151 所示。将几何模型全选，从指定菜单栏中选择框架，在子菜单栏中选择框架界面，选中截面点击确定，将截面指定给几何模型，如图 5-152 所示。

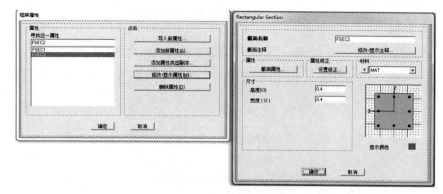

图 5-151　设置截面形式及尺寸

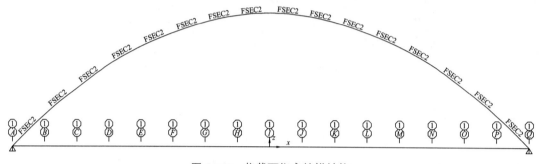

图 5-152　将截面指定给拱结构

（6）定义结构静力荷载工况，操作为："定义-荷载模式"，在图 5-153 所示弹出的对话框中输入荷载模式名称为"P"，自重系数为 0，即不考虑自重荷载影响，单击添加新的荷载模式，然后点击确定完成荷载模式的定义。

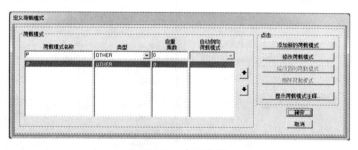

图 5-153　定义荷载

（7）选择所需施加荷载的节点，通过"指定-节点荷载-力"得到图 5-154 所示的对话框。输入荷载值-80，点击确定，得到图 5-155。

图 5-154　节点荷载的施加

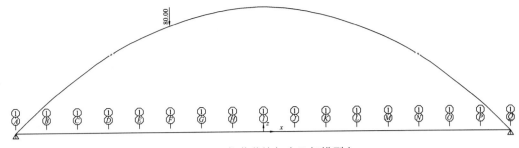

图 5-155　将荷载施加在几何模型上

（8）设置结构分析类型，在分析菜单栏中选择分析选项，弹出图 5-156 所示的对话框，在快速自由度选项中选择平面框架按钮。

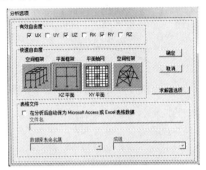

图 5-156　设置分析选项

（9）执行分析。从分析菜单中选择设置运行的荷载工况，确定需要执行的和不需要执行的荷载的工况，开始运行计算。

（10）在显示菜单栏中选择显示力/应力，分别显示组合结构的弯矩图（图 5-157）、轴力图（图 5-158）和剪力图（图 5-159）。

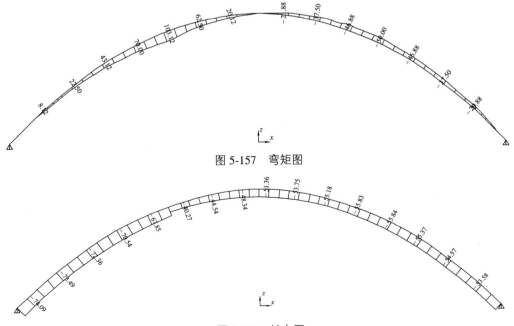

图 5-157　弯矩图

图 5-158　轴力图

101

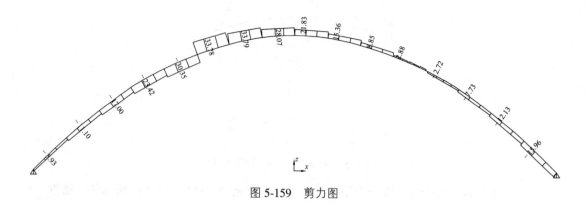

图 5-159 剪力图

例 5-10 图 5-160 为带拉杆的半圆三铰拱，试求截面 K 的内力。

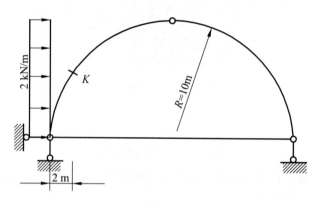

图 5-160 某带拉杆的半圆三铰拱

【操作步骤】

与例 5-9 相同，采用"以直代曲"的方法构成所需曲线。首先绘出水平跨长并分成若干等份，而后单击每一分段点用修改 z 轴坐标的方法形成所需要的拱轴线。

（1）选取计算模型量纲为 kN，m，C。

（2）在初始模型中选择"梁"模型，"跨数"为 20，"跨长"为 1，点击确认。将最右端支座改为滑动约束，其余节点约束设置为自由节点。选择所需设置的节点，通过"指定-节点-约束"进行相关设置即可。跨中处通过铰进行连接，选择跨中节点 i 左右的两个单元，分别释放两单元 i 节点处的弯矩。选择所需释放弯矩的单元，通过"指定-框架-释放/部分固定"进行弯矩的释放即可，可得到图 5-161 所示的几何模型。

图 5-161 梁式结构几何模型

（3）选取所需改动 z 坐标的节点，点击鼠标右键，在弹出的图 5-162 所示的对话框中选择位置，双击空白处，对 z 的坐标进行编辑，如图 5-163 所示。根据轴线方程，计算节点 z 坐标并进行修改，再画出下方拉杆，得到几何模型如图 5-164 所示。

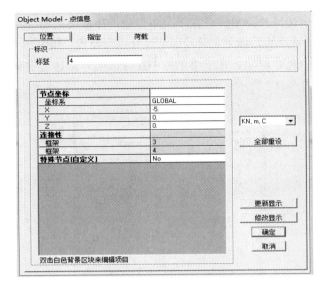

图 5-162　节点信息对话框　　　　　　　　　图 5-163　节点坐标对话框

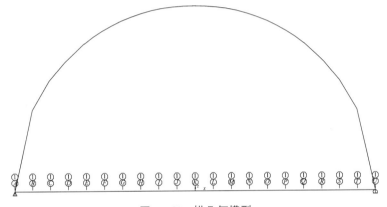

图 5-164　拱几何模型

（4）定义材料：在定义菜单栏中选择材料，在定义材料对话框中点击添加新材料，得到图 5-165 所示的对话框，将弹性模量修改为 2.1×10^8。

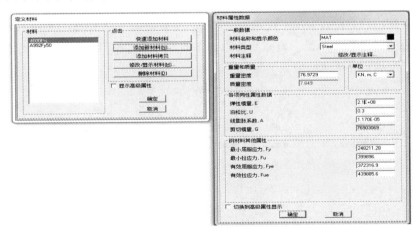

图 5-165　设置材料属性

（5）定义单元截面，在定义菜单栏中选择截面属性，在子菜单栏中选择框架截面，在弹出的框架属性对话框中点击添加新属性，选择矩形截面，对截面的尺寸进行设置，如图 5-166 所示。将几何模型全选，从指定菜单栏中选择框架，在子菜单栏中选择框架界面，选中截面点击确定，将截面指定给几何模型，如图 5-167 所示。

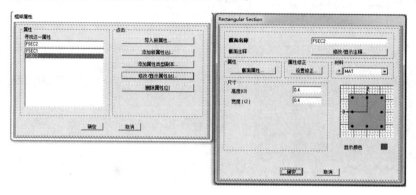

图 5-166　设置截面形式及尺寸

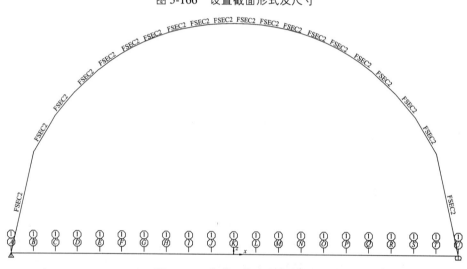

图 5-167　将截面指定给拱结构

（6）定义结构静力荷载工况，操作为："定义-荷载模式"，在图 5-168 所示弹出的对话框中输入荷载模式名称为 "dis2"，自重系数为 0，即不考虑自重荷载影响，单击添加新的荷载模式，然后点击确定完成荷载模式的定义。

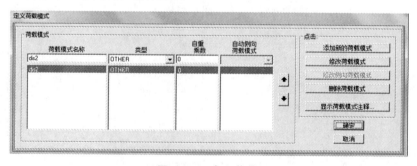

图 5-168　定义荷载

104

（7）选择所需施加荷载的框架单元，通过"指定-框架荷载-分布"得到图 5-169 所示的对话框。输入均布荷载值 2，点击确定，得到图 5-170。

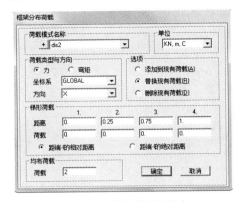

图 5-169　均布荷载的施加

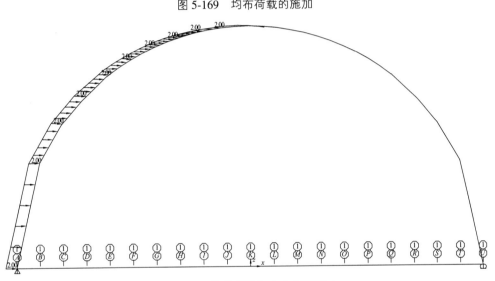

图 5-170　将荷载施加在几何模型上

（8）设置结构分析类型，在分析菜单栏中选择分析选项，弹出图 5-171 所示的对话框，在快速自由度选项中选择平面框架按钮。

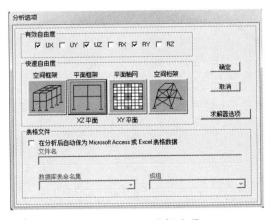

图 5-171　设置分析选项

（9）执行分析。从分析菜单中选择设置运行的荷载工况，确定需要执行的和不需要执行的荷载的工况，开始运行计算。

（10）在显示菜单栏中选择显示力/应力，分别显示组合结构的弯矩图（图 5-172）、轴力图（图 5-173）和剪力图（图 5-174）。

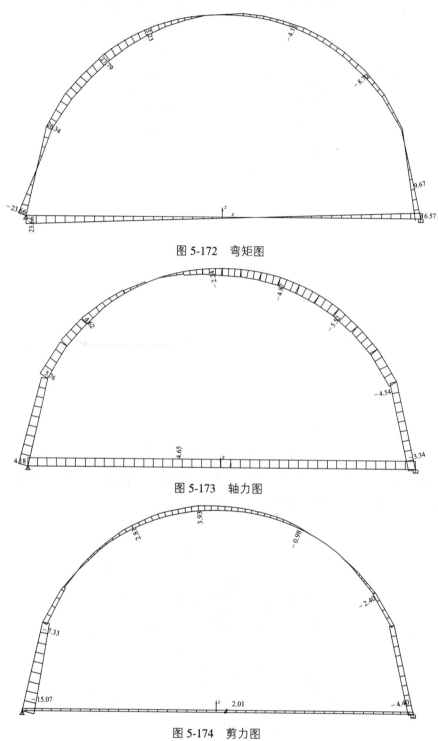

图 5-172　弯矩图

图 5-173　轴力图

图 5-174　剪力图

5.5 组合结构的静力分析

例 5-11 试分析图 5-175 所示组合结构的内力。

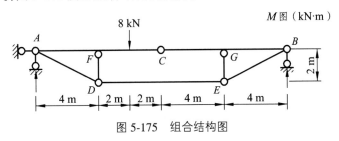

图 5-175 组合结构图

（1）选取计算模型量纲为 kN, m, C。

（2）选择"二维平面框架"图标，框架"楼层数"输入 1，"开间数"输入 4，"楼层高"输入 2，"开间"输入 4。选中"快速绘制框架单元"工具完成下弦杆和斜杆的绘制，选择不需要的杆件，在编辑菜单栏中选择删除按钮。选中上弦杆左部的节点，在指定菜单栏中选择约束，在弹出的约束设置对话框中点击快速设置栏中的固定铰支座按钮。同理，将上弦杆右部节点设置为活动铰支座，完成设置后的几何模型如图 5-176。

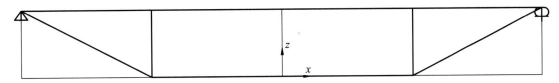

图 5-176 组合结构几何模型

（3）定义材料：在定义菜单栏中选择材料，在定义材料对话框中点击添加新材料，得到图 5-177 所示的对话框，将弹性模量修改为 2.1×10^8。

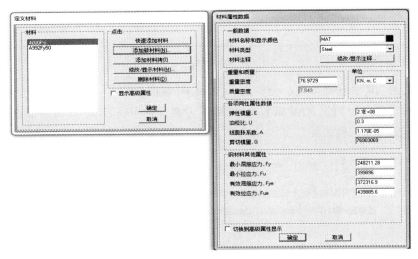

图 5-177 设置材料属性

（4）定义单元截面，在定义菜单栏中选择截面属性，在子菜单栏中选择框架截面，在弹出的框架属性对话框中点击添加新属性，选择矩形截面，对截面的尺寸进行设置，如图 5-178 所示。将几何模型全选，从指定菜单栏中选择框架，在子菜单栏中选择框架界面，选中截面点击确定，将截面指定给几何模型，如图 5-179 所示。

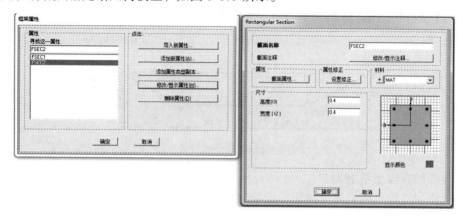

图 5-178　设置截面形式及尺寸

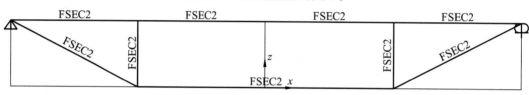

图 5-179　将截面指定给组合结构

（5）梁 *AB* 上，*C* 点为铰节点，通过释放 *AC* 单元的终点杆端弯矩和 *CB* 单元的起点弯矩来模拟铰节点 *C*。其他桁架杆件通过选中单元，释放起点和终点弯矩即可，同例 5-9 的操作。释放弯矩后的几何模型如图 5-180。

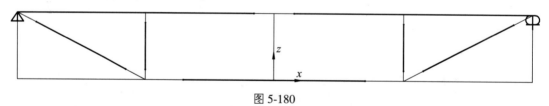

图 5-180

（6）定义结构静力荷载工况，操作为："定义-荷载模式"，在图 5-181 所示弹出的对话框中输入荷载模式名称为"P"，自重系数为 0，即不考虑自重荷载影响，单击添加新的荷载模式，然后点击确定完成荷载模式的定义。

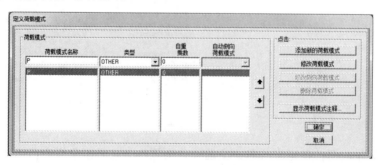

图 5-181　定义荷载

（7）选择 *FC* 单元，在编辑菜单栏中选择编辑线，在子菜单栏中选择分割线，弹出图 5-182 所示对话框，将 *FC* 分割为两段，以便施加大小为 8 kN 的荷载，施加荷载后的几何模型如图 5-183 所示。

图 5-182　分割框架单元

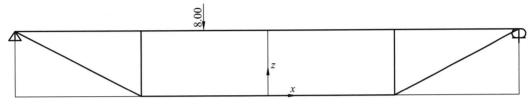

图 5-183　施加荷载后的几何模型

（8）设置结构分析类型，在分析菜单栏中选择分析选项，弹出图 5-184 所示的对话框，在快速自由度选项中选择平面框架按钮。

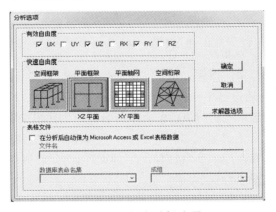

图 5-184　设置分析选项

（9）执行分析。从分析菜单中选择设置运行的荷载工况，确定需要执行的和不需要执行的荷载的工况，开始运行计算。

（10）在显示菜单栏中选择显示力/应力，分别显示组合结构的弯矩图（图 5-185）和轴力图（图 5-186）。

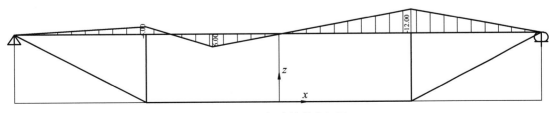

图 5-185　组合结构弯矩图

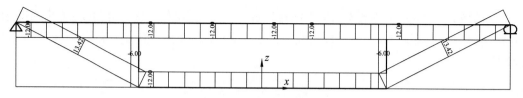

图 5-186　组合结构轴力图

例 5-12　试求图 5-187 所示组合结构中各链杆的轴力并作出受弯构杆件的内力图。

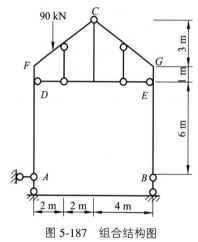

图 5-187　组合结构图

【操作步骤】

（1）选取计算模型量纲为 kN，m，C。

（2）选择"二维平面框架"图标，框架"楼层数"输入 5，"开间数"输入 2，"楼层高"输入 2，"开间"输入 4。通过选中框架单元，在编辑菜单栏中选择编辑线，通过子菜单中的分割和合并两个按钮对所选单元进行灵活的分割与合并以创建出关键节点，便于杆件的绘制。选中"快速绘制框架单元"工具完成斜杆的绘制，选择不需要的杆件，在编辑菜单栏中选择删除按钮。选中框架的 B 节点，通过"指定-节点-约束"操作，将固定铰支座改为滑动铰支座。完成设置后的几何模型如图 5-188。

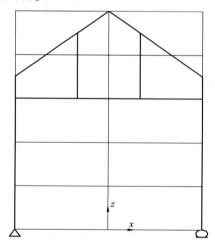

图 5-188　组合结构几何模型

110

（3）定义材料：在定义菜单栏中选择材料，在定义材料对话框中点击添加新材料，得到图 5-189 所示的对话框，将弹性模量修改为 2.1×10^8。

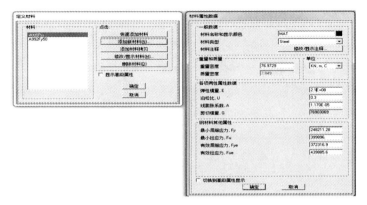

图 5-189　设置材料属性

（4）定义单元截面，在定义菜单栏中选择截面属性，在子菜单栏中选择框架截面，在弹出的框架属性对话框中点击添加新属性，选择矩形截面，对截面的尺寸进行设置，如图 5-190 所示。将几何模型全选，从指定菜单栏中选择框架，在子菜单栏中选择框架界面，选中截面点击确定，将截面指定给几何模型，如图 5-191 所示。

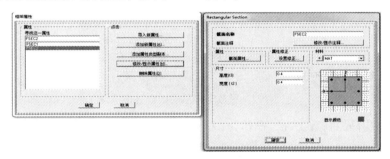

图 5-190　设置截面形式及尺寸

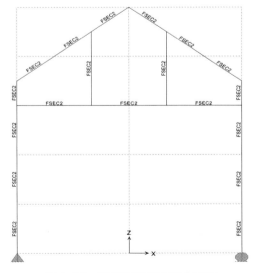

图 5-191　将截面指定给组合结构

（5）C点为铰接点，通过释放C单元的C点杆端弯矩和CG单元的C点弯矩来模拟铰节点C。其他桁架杆件通过选中单元，释放起点和终点弯矩即可，同例5-9的操作。释放弯矩后的几何模型如图5-192。

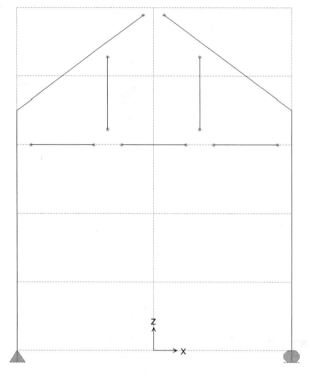

图5-192　释放弯矩后的组合结构模型

（6）定义结构静力荷载工况，操作为："定义-荷载模式"，在图5-193所示弹出的对话框中输入荷载模式名称为"P"，自重系数为0，即不考虑自重荷载影响，单击添加新的荷载模式，然后点击确定完成荷载模式的定义

图5-193　定义荷载

（7）选择FC单元，在编辑菜单栏中选择编辑线，在子菜单栏中选择分割线，弹出图5-194所示对话框，将FC分割为两段，以便施加大小为90 kN的荷载，施加荷载后的几何模型如图5-195所示。

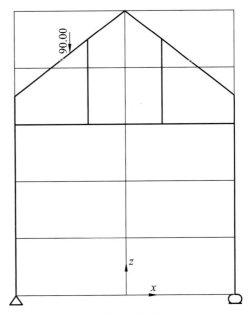

图 5-194　分割框架单元　　　　　　图 5-195　施加荷载后的几何模型

（8）设置结构分析类型，在分析菜单栏中选择分析选项，弹出图 5-196 所示的对话框，在快速自由度选项中选择平面框架按钮。

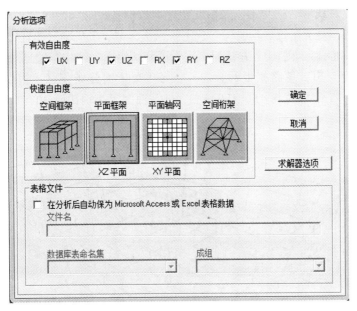

图 5-196　设置分析选项

（9）执行分析。从分析菜单中选择设置运行的荷载工况，确定需要执行的和不需要执行的荷载的工况，开始运行计算。

（10）在显示菜单栏中选择显示力/应力，分别显示组合结构的弯矩图（图 5-197）和轴力图（图 5-198）。

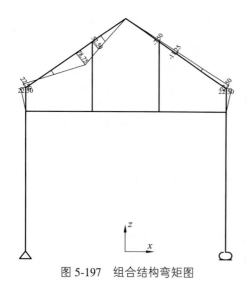

图 5-197 组合结构弯矩图

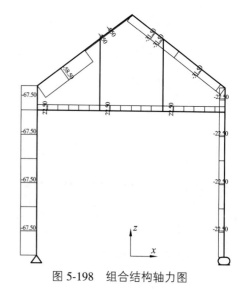

图 5-198 组合结构轴力图

5.6 空间刚架的静力分析

空间结构能适应不同跨度、不同支承条件的各种建筑要求，形状上也能适应正方形、矩形、多边形、圆形、扇形、三角形以及由此组合而成的各种形状的建筑平面；同时，又有建筑造型轻巧、美观、便于建筑处理的优点，主要用于车站、飞机场、体育馆等大型公共建筑。

计算图 5-199 所示空间刚架，并绘制出变形图和弯矩图。结构布置见图 5-200、图 5-201。柱脚均设置为固定支座。忽略楼板的影响，仅考虑梁上的分布荷载，横纵向均布荷载均为 3 N/m。梁截面为：T 字形截面 150×120×6×9，柱截面为工字钢截面 300×125×6×9。梁、柱材料均采用 Q345。

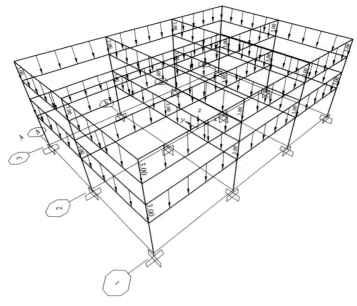

图 5-199 三维刚架图

114

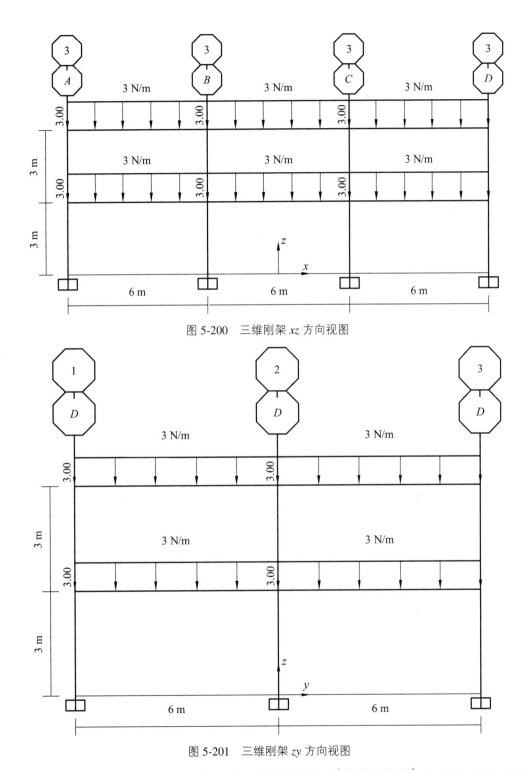

图 5-200 三维刚架 xz 方向视图

图 5-201 三维刚架 zy 方向视图

（1）打开 SAP2000 应用程序，在右下角选择计算单位为 N, m, C ▼，即采用国际标准单位制 N，m，C。

（2）建立几何模型。点击【文件】-【新模型】，采用 SAP2000 内置的空间刚架的模板，在弹出的窗口中选择点击【3D 框架】，在弹出的另一个窗口中输入刚架的层数，x、y 方向的

115

跨数以及每层的高度、每跨的长度。其中，Numbers of Stories（结构的层数）=2，Story Height（结构的层高）=3；Numbers of Bays，X（沿 x 方向的跨数）=3，Bay With，X（x 方向的跨间距）=6；Numbers of Bays，Y（沿 y 方向的跨数）=2，Bay With，Y（y 方向的跨间距）=6；最后点击 ok。按图 5-202 所示 1-2-3-4 步骤操作。

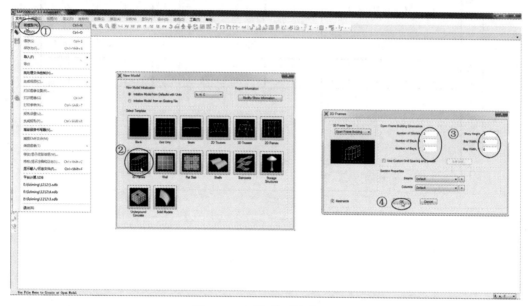

图 5-202　刚架模型的建立

（3）改变刚架的支座约束方式。选择【指定】-【节点】-【约束】，在弹出的窗口中点击█，将柱脚的约束均设置为固定。最后点击 ok 即可。按图 5-203 所示 1-2-3 步骤操作。

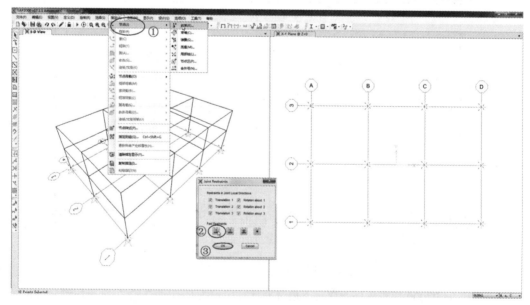

图 5-203　修改刚架约束形式

（4）定义刚架材料和截面属性。选择【定义】-【定义材料】，在弹出的窗口中点击【添加新材料】，在弹出的另一个窗口中在【区域】中选择中国，Material Type 选择 Steel，Standard

选择 GB，Grade 选择 Q345，表明材料采用的是中国的钢结构规范中的 Q345 钢材，最后点击 ok，就会看到定义材料的窗口中多出了 Q345 的选项。按图 5-204 所示 1-2-3-4-5-6 步骤操作。

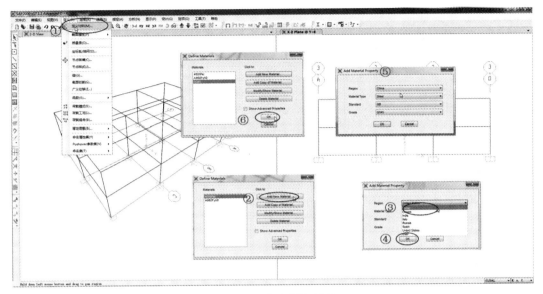

图 5-204　定义刚架材料

因为要定义水平和竖直的刚架截面不一样，所以要添加新的刚架截面。两种截面定义为同一种材料。按图 5-205 所示步骤操作。其中梁采用工字形截面，柱采用 T 形截面。梁截面中 t3 表示截面的总高度、t2 表示上翼缘的宽度、tf 表示上翼缘的厚度、tw 表示腹板的厚度、t2b 表示下翼缘的宽度、tfb 表示下翼缘的厚度，按照题目给定的截面尺寸，分别输入：t3=0.3048，t2=t2b=0.127，tf=tfb=9.652×10⁻³，tw=6.35×10⁻³。T 形截面中 t3 表示截面的总高度，t2 为截面的总宽度，tf 为翼缘部分的厚度，tw 为腹板厚度。根据给定的截面尺寸，分别输入 t3=0.1524，t2= 0.127，tf =9.652×10⁻³，tw=6.35×10⁻³

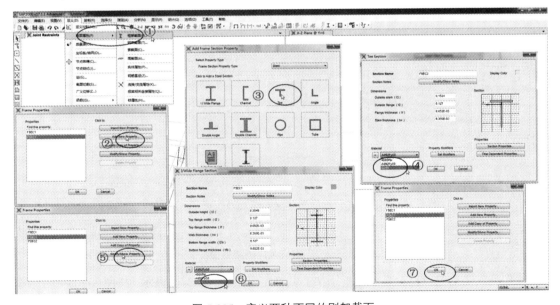

图 5-205　定义两种不同的刚架截面

通过工具栏上的【旋转三维视图】，来单击右键选取水平方向的刚架。然后选择【指定】
-【框架】-【框架截面】，在弹出的窗口中点击【FSEC1】，最后点击 ok。按图 5-206 所示步骤
操作。

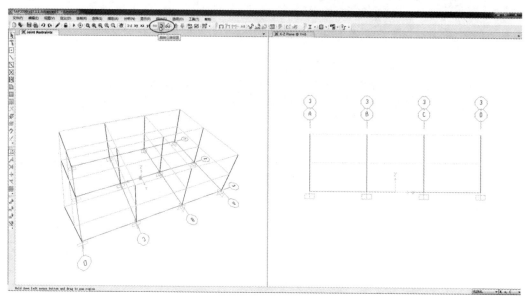

图 5-206 定义水平方向刚架截图

通过工具栏上的【旋转三维视图】，来单击右键选取竖直方向的刚架。然后选择【指定】
-【框架】-【框架截面】，在弹出的窗口中点击【FSEC2】，最后点击 ok。按图 5-207 所示步骤
操作。

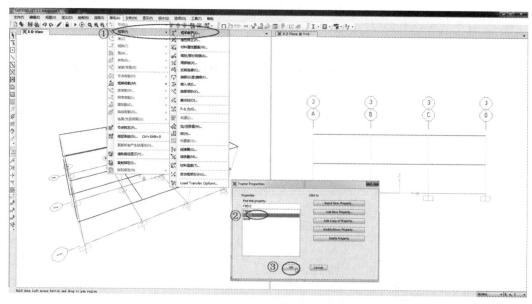

图 5-207 定义竖向刚架截面

操作完成之后窗口就会显示每根刚架的截面定义。下一步清除显示，按图 5-208 所示步骤
操作。

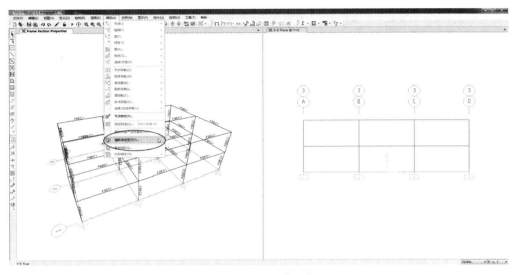

图 5-208　每根刚架的截面定义显示

（5）定义荷载。通过工具栏上的【旋转三维视图】，来单击右键选取水平方向的刚架。然后选择【指定】-【框架荷载】-【分布】，在弹出的窗口中按图 5-209 所示步骤操作。

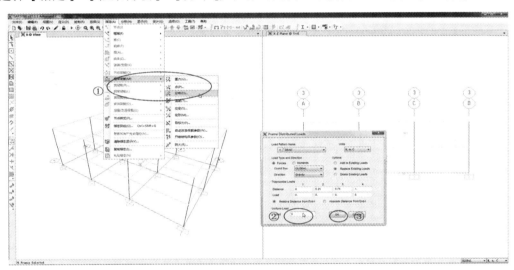

图 5-209　定义刚架荷载

在弹出的窗口的左下端荷载项输入 3，其中 Load Pattern Name 选择 Dead，添加的为默认的恒荷载；Units 单位选择 N，m，C，仍采用国际单位制；Load Type and Direction 选择 Force，表明采用的是力的形式，Coord Sys 选择 Global，表明采用的是整体坐标系；Direction 选择 Gravity，表明方向选择的是重力方向，需要注意的是重力方向以沿 z 轴负方向为正，因此在该处也可以选择-z 方向，效果是一致的；Options 选择的是 Replace Existing Load，表示是将原有荷载替换，由于本结构中未设置原有荷载，因此选择 Add to Existing Loads 效果是一致的，但当结构中已布置了部分荷载后，该处的两个选项需要注意，容易出现荷载叠加或荷载替换的问题，最后点击 ok。

（6）消除刚架自重。选择【定义】-【荷载模式】，在弹出的窗口中，SAP2000 中默认为恒荷载的荷载模式（Dead），该模式仅考虑的是结构的自重，将 Self-Weight Mutilate（自重的影响系数）从 1 更改为 0，即不考虑自身重力荷载，同时点击修改荷载模式（Modify Load Patters）中按图 5-210 所示 1-2-3-4 步骤操作。

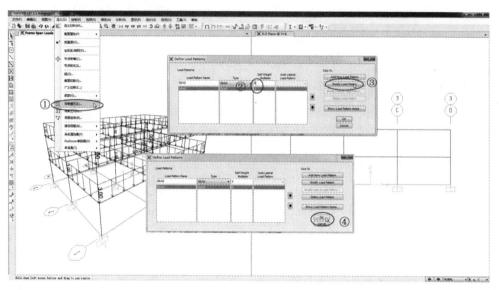

图 5-210　消除刚架自重

（7）执行分析计算。点击工具栏的【运行分析】，在弹出的窗口中点击【现在运行】，然后保存文件。按图 5-211 所示步骤操作。

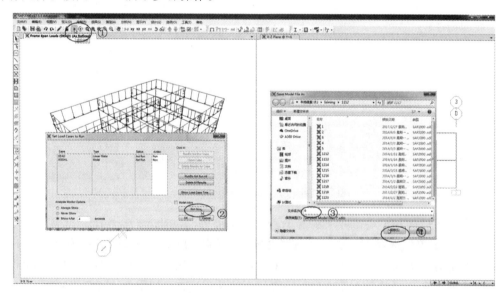

图 5-211　运行分析计算模型

操作完成后就会得到图 5-212 所示三维刚架变形图。

通过点击工具栏的【xz】和【yz】就能得到如图 5-213 和图 5-214 所示的刚架 xz 和 yz 的变形图。把鼠标移动到节点处会自动显示出节点的变形位移。其中 U_1 表示 x 方向的变形位移，U_2 表示 y 方向的，U_3 表示 z 方向的。

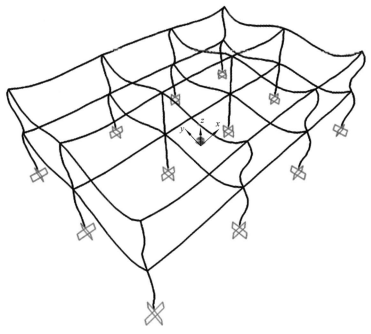

图 5-212　三维框架变形图

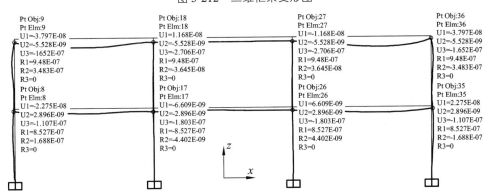

Pt Obj:9	Pt Obj:18	Pt Obj:27	Pt Obj:36
Pt Elm:9	Pt Elm:18	Pt Elm:27	Pt Elm:36
U1=-3.797E-08	U1=1.168E-08	U1=-1.168E-08	U1=-3.797E-08
U2=-5.528E-09	U2=-5.528E-09	U2=-5.528E-09	U2=-5.528E-09
U3=-1652E-07	U3=-2.706E-07	U3=-2.706E-07	U3=-1.652E-07
R1=9.48E-07	R1=9.48E-07	R1=9.48E-07	R1=9.48E-07
R2=3.483E-07	R2=-3.645E-08	R2=3.645E-08	R2=3.483E-07
R3=0	R3=0	R3=0	R3=0

Pt Obj:8 　 Pt Obj:17 　 Pt Obj:26 　 Pt Obj:35
Pt Elm:8 　 Pt Elm:17 　 Pt Elm:26 　 Pt Elm:35
U1=-2.275E-08 　 U1=-6.609E-09 　 U1=-6.609E-09 　 U1=2.275E-08
U2=2.896E-09 　 U2=-2.896E-09 　 U2=2.896E-09 　 U2=2.896E-09
U3=-1.107E-07 　 U3=-1.803E-07 　 U3=-1.803E-07 　 U3=-1.107E-07
R1=8.527E-07 　 R1=8.527E-07 　 R1=8.527E-07 　 R1=8.527E-07
R2=1.688E-07 　 R2=-4.402E-09 　 R2=4.402E-09 　 R2=-1.688E-07
R3=0 　 R3=0 　 R3=0 　 R3=0

图 5-213　xz 方向刚架的变形图

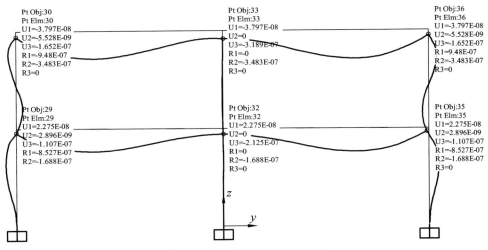

Pt Obj:30 　 Pt Obj:33 　 Pt Obj:36
Pt Elm:30 　 Pt Elm:33 　 Pt Elm:36
U1=-3.797E-08 　 U1=-3.797E-08 　 U1=-3.797E-08
U2=-5.528E-09 　 U2=0 　 U2=-5.528E-09
U3=-1.652E-07 　 U3=-3.189E-07 　 U3=-1.652E-07
R1=-9.48E-07 　 R1=0 　 R1=9.48E-07
R2=3.483E-07 　 R2=-3.483E-07 　 R2=-3.483E-07
R3=0 　 R3=0 　 R3=0

Pt Obj:29 　 Pt Obj:32 　 Pt Obj:35
Pt Elm:29 　 Pt Elm:32 　 Pt Elm:35
U1=2.275E-08 　 U1=2.275E-08 　 U1=2.275E-08
U2=-2.896E-09 　 U2=0 　 U2=2.896E-09
U3=-1.107E-07 　 U3=-2.125E-07 　 U3=-1.107E-07
R1=-8.527E-07 　 R1=0 　 R1=-8.527E-07
R2=-1.688E-07 　 R2=-1.688E-07 　 R2=-1.688E-07
　 R3=0 　 R3=0

图 5-214　zy 方向的刚架变形图

选择【显示力/应力】-【框架/索/钢束】，在弹出的窗口中选择 Moment3-3，表示绘制结构的弯矩图，同时在 Options 中选择 Show Value on Diagram，表示在图形中显示数值，按图 5-215 所示 1-2-3-4 步骤操作。三维刚架的弯矩图见图 5-216。

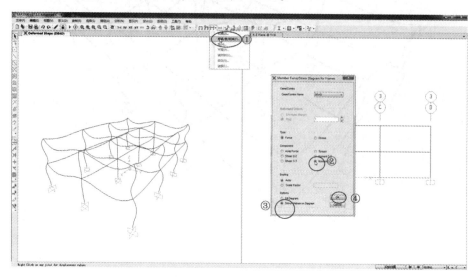

图 5-215　显示刚架弯矩图

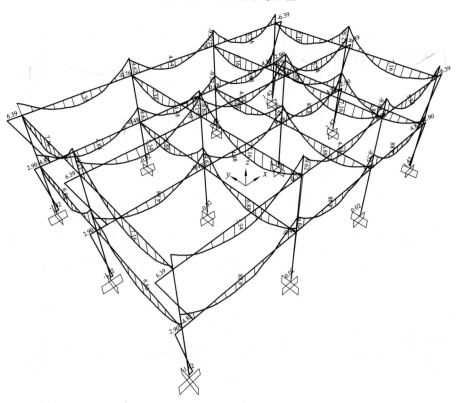

图 5-216　三维刚架的弯矩图

通过点击工具栏的【xz】和【yz】就能得到如图 5-217 和图 5-218 所示的刚架 xz 平面和 yz 平面的弯矩图。

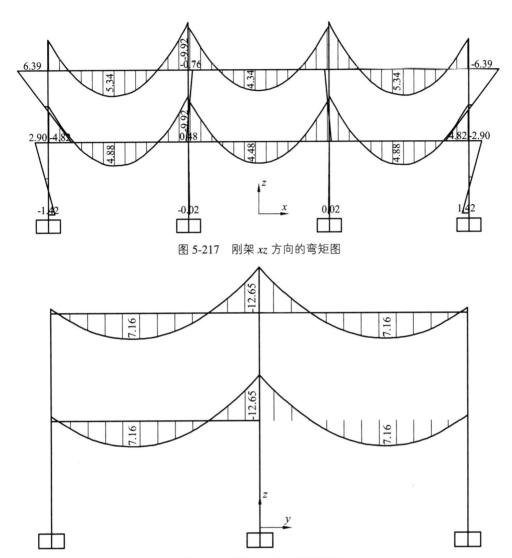

图 5-217 刚架 xz 方向的弯矩图

图 5-218 刚架 zy 方向的弯矩图

习 题

5-1~5-6 试求解题图 5-1~题图 5-6 所示梁式结构的内力图。

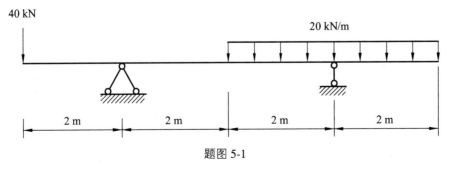

题图 5-1

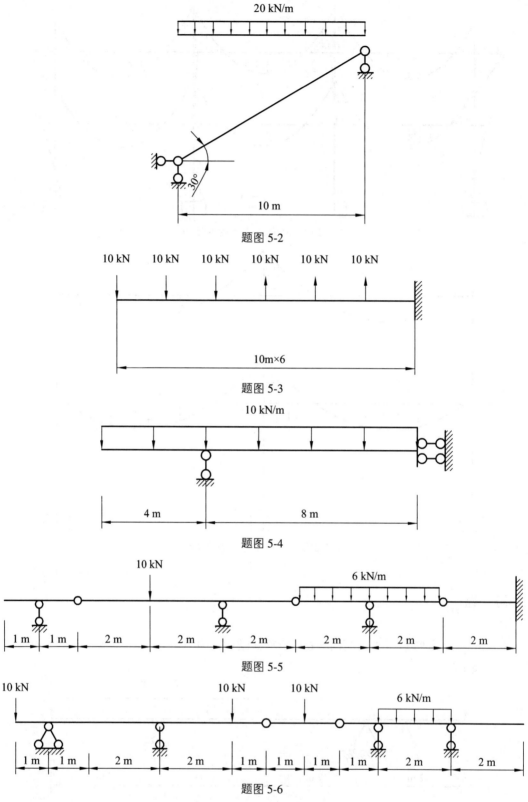

题图 5-2

题图 5-3

题图 5-4

题图 5-5

题图 5-6

5-7~5-12 试求解题图 5-7~题图 5-12 所示刚架结构的内力图。

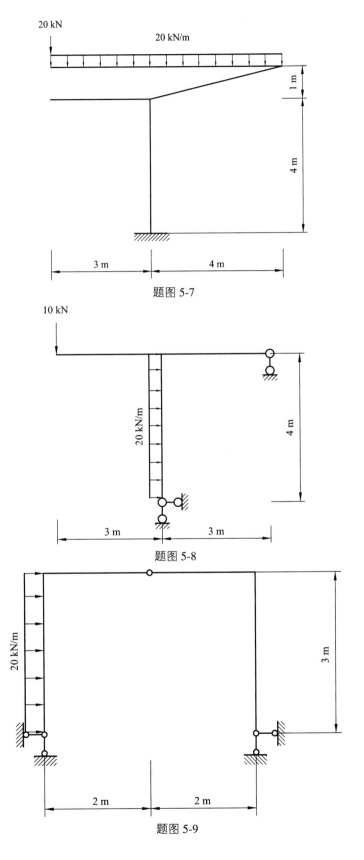

题图 5-7

题图 5-8

题图 5-9

125

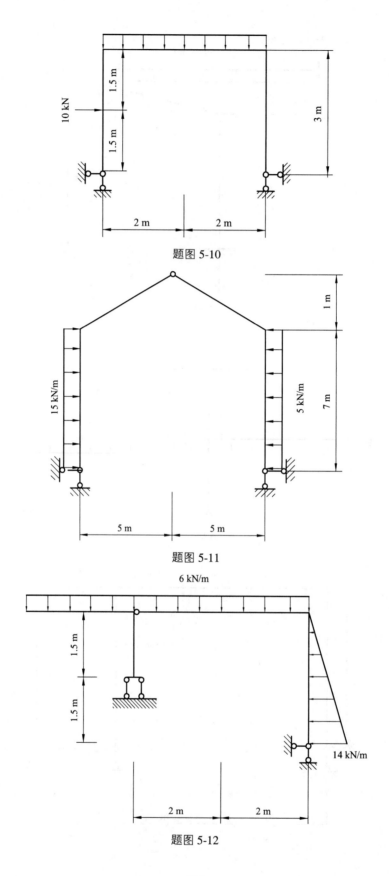

题图 5-10

题图 5-11

题图 5-12

126

5-13~5-17　试求解题图 5-13~题图 5-17 所示桁架结构的内力图。

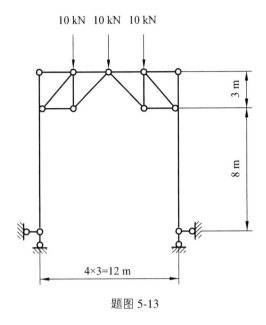

题图 5-13

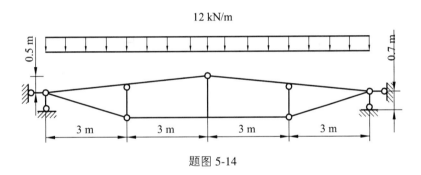

题图 5-14

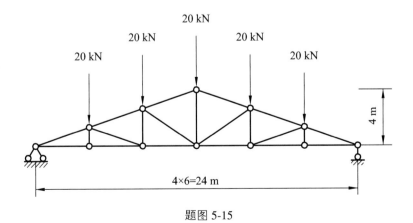

题图 5-15

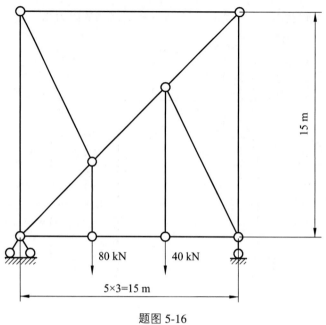

题图 5-16

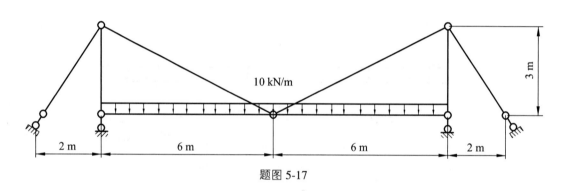

题图 5-17

5-18　计算题图 5-18 所示三铰拱的内力图。拱轴线为抛物线，方程为 $z=\dfrac{4f}{l^2}x(l-x)$。

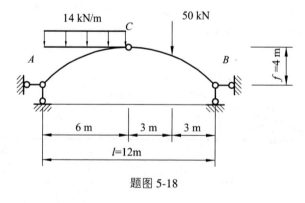

题图 5-18

5-19　计算题图 5-19 所示两铰拱的内力图。拱轴线为抛物线，方程为 $z=\dfrac{4f}{l^2}x(l-x)$。

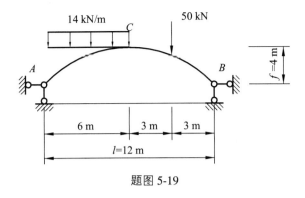

题图 5-19

5-20　计算题图 5-20 所示半圆形拱的各杆内力图。

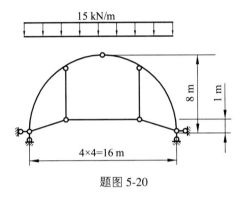

题图 5-20

6 移动荷载作用的结构分析

6.1 移动荷载概述

一般工程结构需要承受两种静力荷载：一类荷载的作用位置固定不变，称为固定荷载，例如结构自重等；另一种荷载的作用位置不断变化，称为移动荷载，例如火车、汽车通过铁路、公路的桥梁时，车辆的轮压等。前述的分析均考虑的是固定荷载对结构的作用，实际的工程结构在移动荷载作用下，其受力和变形与固定荷载作用下明显不同。一方面，在移动荷载作用下，结构中各截面的内力都将随荷载作用位置的移动而变化，因此，需要研究结构内力随荷载移动变化的规律；另一方面，移动荷载运行过程中，需确定荷载运动到哪里对某截面是最危险的，因此需要确定移动荷载的最不利位置。

6.2 影响线的定义

工程结构中所遇到的移动荷载通常都是由一系列间距不变的竖向荷载组成的。由于其类型很多，我们不可能对它们逐一加以研究。为了使问题简化，可从各类移动荷载中抽象出一个共同具有的最基本、最简单的单位集中荷载 $F=1$，首先研究这个单位集中荷载 $F=1$ 在结构上移动时对某一量值的影响，然后再利用叠加原理确定各类移动荷载对该量值的影响。为了更直观地描述上述问题，可把某量值随荷载 $F=1$ 的位置移动而变化的规律（即函数关系）用图形表示出来，这种图形称为该量值的影响线。

由此可得影响线的定义如下：当一个指向不变的单位集中荷载（通常其方向是竖直向下的）沿结构移动时，表示某一指定量值变化规律的图形，称为该量值的影响线。

某量值的影响线绘出后，即可借助叠加原理及函数极值的概念，将该量值在实际移动荷载作用下的最大值求出。下面首先讨论影响线的绘制方法。

绘制影响线有两种方法，即静力法和机动法。静力法是以移动荷载的作用位置 x 为变量，然后根据平衡条件求出所求量值与荷载位置 x 之间的函数关系式，即影响线方程，再由方程作出图形即为影响线。机动法作影响线是以虚位移原理为依据，把求内力或支座反力影响线的静力问题转化为作位移图的几何问题。下面以图 6-1 所示的多跨静定梁为例，分别对静力法和机动法加以具体说明。

例 6-1 试作图 6-1 所示多跨静定梁 F_{RA}、F_{RC}、F_{QB}^L、F_{QB}^R 和 M_F、F_{QF} 的影响线。

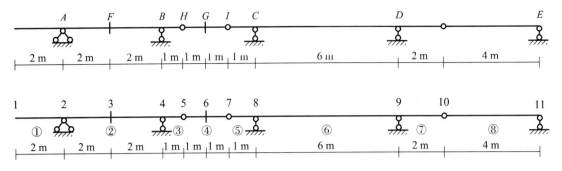

图 6-1 某多跨静定梁计算简图

6.2.1 静力法作影响线（以 M_F 影响线为例）

例如图 6-2（a）所示多跨静定梁，图 6-2（b）为其层叠图，现要作弯矩 M_F 的影响线。当 $F=1$ 在 CE 段上移动时，$D'E$ 段为 ID' 段的附属部分，只将力传递给 ID' 段，而 ID' 段作为主要部分并不会传力给 HI 段附属部分，故 $A'H$ 不受力，故 MF 的影响线在 CE 段内的纵距恒为零；当 $F=1$ 在 $A'H$ 段上移动时，此时 M_F 的影响线与 $A'H$ 段单独作为伸臂梁时相同；当 $F=1$ 在 HI 段上移动时，$A'H$ 梁则承受一个作用位置不变而大小变化的力 F_{HY} 的作用。以 H 点为坐标原点，写出 F_{HY} 的影响线方程为 $F_{HY}=(2-x)/2$，可见，F_{HY} 是 x 的一次式。由这个反力所引起的 $A'H$ 段梁内指定截面的内力也是 x 的一次式，如 $A'H$ 段内是一直线。画出直线只需定出两点，当 $x=0$ 时，$M_F=1/2$；当 $x=1$ 时，$M_F=0$。M_F 影响线在全梁的变化图形如图 6-2（d）所示。

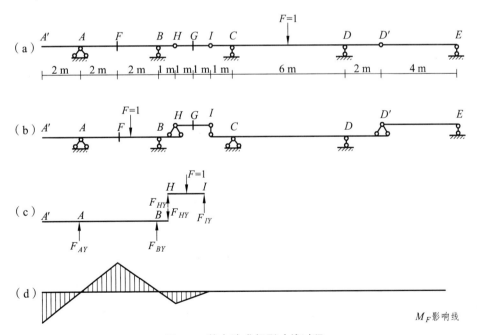

图 6-2 静力法求解影响线过程

由上述分析可知，多跨静定梁反力及内力影响线的一般作法如下：

131

（1）当 $F=1$ 在所求量值所在的梁段上移动时，该量值的影响线与相应单跨静定梁影响线相同。

（2）当 $F=1$ 在对于该量值所在的梁段来说是附属部分的梁段上移动时，量值的影响线是一直线，可根据支座处纵距为零，铰处的纵距为已知的两点绘出。

（3）当 $F=1$ 在对于该量值所在的梁段来说是基本部分的梁段上移动时，该量值影响线的纵距为零。

6.2.2 机动法作影响线（以 M_F 影响线为例）

机动法作静定结构的影响线依据的是理论力学中的虚位移原理，即刚体体系在力系作用下处于平衡的必要和充分的条件是：在任何微小的虚位移中，力系所做的虚功总和为零。运用刚体体系的虚位移原理可以求出平衡力系中的约束力，在这里就是在移动荷载 $F=1$ 作用下静定结构的支座反力或截面内力，它们均为与荷载位置有关的变量。

机动法作静定结构的影响线就是以刚体体系的虚位移原理为基础，把支座反力或内力影响线的静力问题转化为作刚体位移图的几何问题。

与静力法相比较，机动法显得更方便。首先去掉与所求量值 S 相应的联系（F 点变为铰接点），代之以未知力 S（弯矩 M_F），然后使该体系沿 S 的正方向发生单位位移，此时根据每一段梁的位移图应为一直线，以及在支座处竖向位移为零，便可很方便地绘出各部分的位移图。现用机动法校核图 6-2 所示多跨静定梁 M_F 影响线，绘于图 6-3 中。

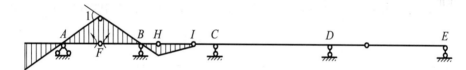

图 6-3 机动法求解过程

当绘制超静定结构的支座反力和内力的影响线时，除了虚位移原理外，还需要运用功的互等定理的推论——位移互等定理，使在所求约束力方向给出一个强迫位移时，承载杆所发生的挠曲线成为该约束力的影响线。即通过位移互等定理，把求超静定结构某反力或内力的影响线问题，转化为寻求基本结构在固定荷载作用下的位移图问题。

一般而言，静定结构的影响线由直线段构成，超静定结构的影响线由曲线构成。

6.3 SAP2000 绘制影响线的基本步骤

SAP2000 可进行移动荷载作用下结构的计算，确定在复杂结构上由多车道荷载产生的最大和最小位移及内力，车辆移动荷载效应可与其他静力和动力荷载进行组合，并生成响应包络图。

用 SAP2000 分析结构在移动荷载作用下的模型，只能用框架单元（Frame）来建模模拟结构中的上部结构、下部结构以及其他相关的构件。当考察其他荷载产生的位移、反力时可采用其他单元类型（面、实体等），这些单元只对结构的刚度有贡献，不能进行移动荷载效应分析。因此，车辆荷载只能应用于框架单元，不能直接应用于以板、壳模拟的车道板或其他形式的单元。

车道代表移动荷载作用位置。这些车道不必平行或长度一致，这样可以用于考虑复杂的交通方式。程序计算由每一车道荷载产生的所有响应量的影响线，这些影响线可用于 SAP2000 的图形界面显示。

移动荷载可选择程序中内置的一系列标准的公路、铁路的车辆活荷载，也可以创建自己的车辆活荷载。车辆可在桥梁任一车道上双向移动，也可自动地被放置在沿车道的某些位置，用来产生整个结构上最大和最小响应量。每一个车辆活荷载可被安置于一个车道或者限制在某些车道上，程序可自动寻找整个结构上由于在不同车道放置不同车辆所产生的最大和最小的响应量，程序也可计算其他响应分量。

移动荷载分析的基本分析步骤如下：

（1）建立结构的整体模型（需要施加移动荷载的单元，采用框架单元）。

（2）定义车道，即移动荷载的运动范围。

（3）定义作用于结构上的不同车辆的活荷载。

（4）定义包含一个或多个必须交替考虑车辆的车辆组。

（5）定义移动荷载分析工况。

（6）查看节点或单元在移动荷载作用下的响应。

影响线的绘制：

当定义了移动荷载以及移动荷载工况后，SAP2000 中可以自动计算相应输出点单元的弯矩、剪力、轴力、节点的位移、支座反力的影响线。对于结构中每一个响应值，每条车道都有一条影响线。影响线可看成沿车道荷载点绘制的影响值曲线。对于结构中某给定位置的某给定响应值，荷载点的影响值是作用于该荷载点的某一单位集中向下荷载引起的响应量的值。影响线显示的是对车道移动的单位力给定的响应量的影响。

影响线可用 SAP2000 的图形用户界面显示。影响线沿车道单元绘制，并绘制在竖向上，由重力荷载产生的正影响线绘制于上方。影响值在荷载点上的已知值之间线性插值，同时也可以写入文本文件。

6.4　SAP2000 绘制梁影响线

以下结合例 6-1 明确采用 SAP2000 进行影响线绘制的基本步骤，其中各杆的材料均采用 Q345，各杆为等截面的方钢管 400×200×12。基本操作如下：

（1）打开 SAP2000 应用程序，在右下角选择计算单位为 N, m, C ▼ ，即选用国际单位制 N，m，C。

（2）建立几何计算模型：点击【文件】-【新模型】-【梁】，采用 SAP2000 内置的模板建立模型。按图 6-4 所示步骤 1-2 操作。

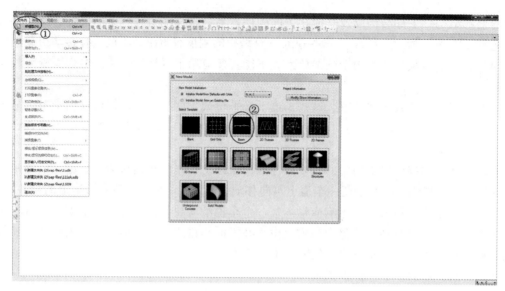

图 6-4　新建模型操作

在弹出的小窗口中，点击【使用定制轴网间距和原点定位】-【编辑轴网】，输入各点坐标，点击【确定】，按图 6-5 所示步骤 1-2-3-4 操作。当多跨梁的各跨长度均一致时，可直接在模板中输入跨数（Number of Spans）和跨长（Span Length）。对于本例，由于各跨长度不等，因此结合 SAP2000 本身自带的网格线，将结构的构件位置与网格线保持一致，从而快捷地绘制出整体结构。在 Ordinate 中依次输入-11，-9，-7，-5，-4，-3，-2，1。

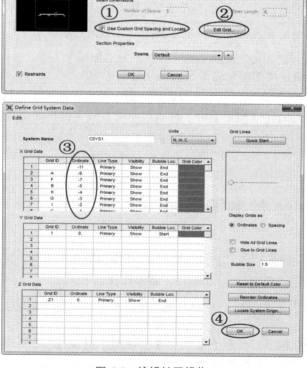

图 6-5　编辑轴网操作

程序自动在每个节点位置均设置了活动铰支座，根据题目的设置，选择需要去掉多余约束的节点，点击【指定】-【节点】-【约束】，选择 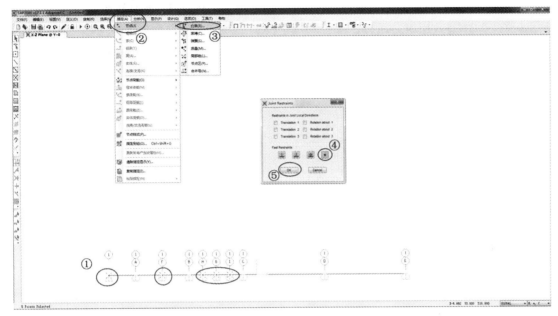，点击【确定】，将相应位置的竖向链杆约束解除后，各单元的杆端按照刚节点设置。按图 6-6 所示步骤 1-2-3-4-5 操作。

图 6-6　去掉多余约束操作

选择需要改变约束形式的节点，点击【指定】-【约束】，选择 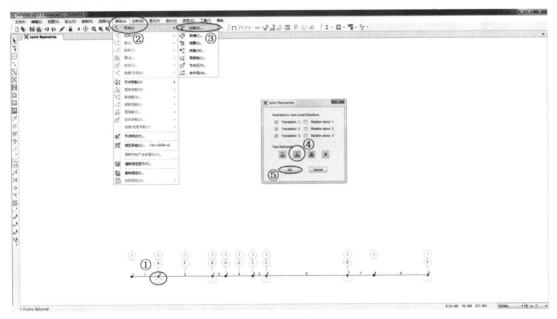，点击【确定】，将活动铰支座更改为固定铰支座。按图 6-7 所示 1-2-3-4-5 步骤操作。

图 6-7　修改节点约束操作

释放需要铰接的梁段的端部约束弯矩：首先选择需要释放端部弯矩的梁段，选择主菜单栏的【指定】-【框架】-【释放/部分固定（R）…】，在弹出的小窗口中勾选梁段终点或起点主轴和次轴的弯矩，点击【确定】。当需要将刚节点更改为铰节点时，其操作步骤与桁架结构的建模方式一致，均是采用释放杆端转角约束的方法，对于平面的杆系结构，仅释放 Moment3-3 即可，其他 Torsion 表示扭矩，Moment2-2 对于空间杆系结构可有选择地进行释放，按图 6-8 所示步骤 1-2-3-4-5-6 操作。

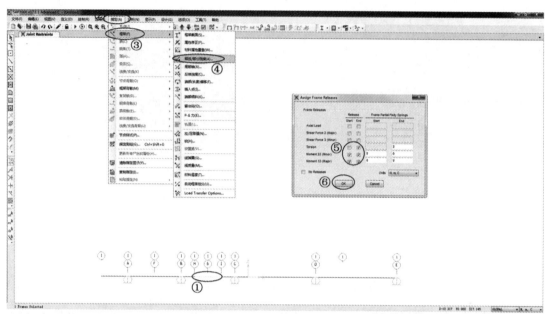

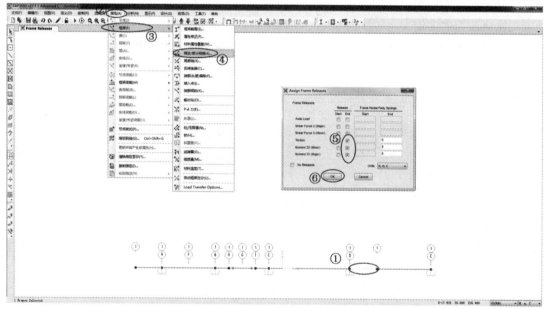

图 6-8　释放杆端弯矩操作

（3）定义单元的材料特性：选择【定义】，点击【材料】，选择材料列表中的【Steel】，然后在弹出的窗口地区一栏中选择中国，选择 Material Type 为 Steel，Standard 为 GB，Grade 为 Q345，最后点击 ok，表明材料采用的是中国的钢结构规范中的 Q345 的钢材。最后点击【确定】，按图 6-9 所示步骤 1-2-3-4-5 操作。

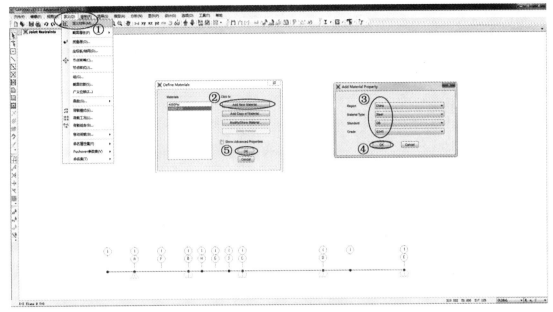

图 6-9 定义单元材料特性操作

（4）定义单元的截面特性：点击【定义】-【截面特性】-【框架截面】-【添加新属性】，按图 6-10 所示步骤操作。在弹出的小窗口中把界面定义为"TUBE"，采用方钢管截面，并依次输入截面尺寸，其中 t3 表示截面的总高度、t2 表示截面的总宽度、tf 表示与 3 轴平行的两段钢管的壁厚、tw 表示与 2 轴平行的两段钢管的壁厚。按照题目给定的截面尺寸，分别输入：t3=0.4，t2=t2b=0.2，tf=tw=0.012。再次点击 ok，截面的尺寸就定义好了。

选择钢材材料为 Q345，最后点击【确定】，按图 6-11 所示步骤操作。

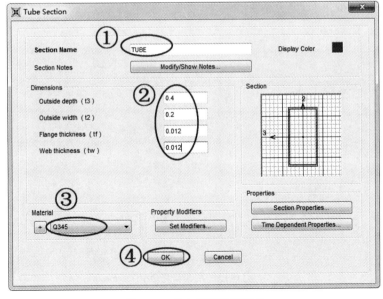

图 6-11 输入截面数据操作

137

（5）指定单元截面：选择全部梁段单元，点击【指定】-【框架】-【框架截面】，在弹出的小窗口中选定截面 TUBE，点击【确定】，将各杆段均赋予 tube 截面，按图 6-12 所示 1-2-3-4-5 步骤操作。

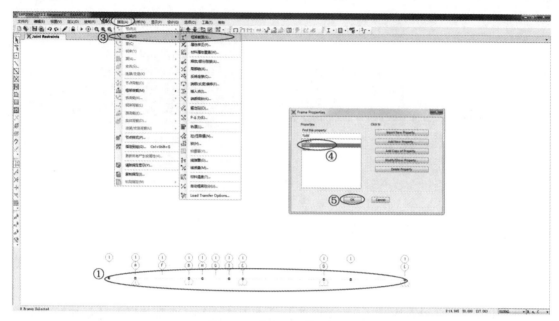

图 6-12　指定单元截面操作

（6）定义车道：【定义】-【桥梁荷载】-【轨道】-【从框架添加已定义的新车道】，按图 6-13 所示 1-2-3-4 步骤操作。

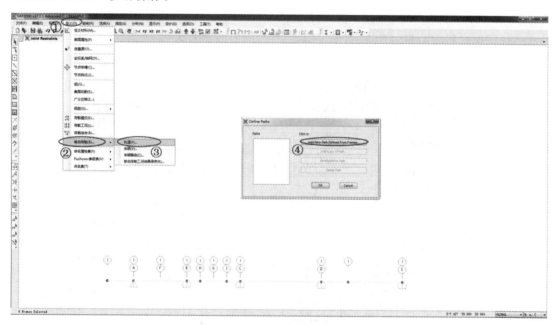

图 6-13　定义车道操作

点【添加（A）】，将框架下的 1 改为 2；点【添加（A）】，再将框架下的 2 改为 3；点【添加（A）】，如此下去直到框架下的编号为 8，点【确定】，按图 6-14 所示 1-2-3 步骤操作。车道的定义是以单元为基础的，因此在定义车道之前应首先明确各单元的单元号，从而确定移动荷载的运动范围都包括哪些单元。同时，车道定义好以后，定义的车道单元会以其他颜色区别显示。

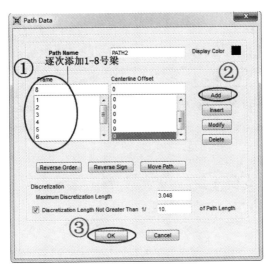

图 6-14　添加车道操作

（7）定义车辆：【定义】-【桥梁荷载】-【车辆】，在弹出的小窗口中点击【添加车辆】，车辆可以理解为移动荷载，按图 6-15 所示步骤 1-2-3-4 操作。

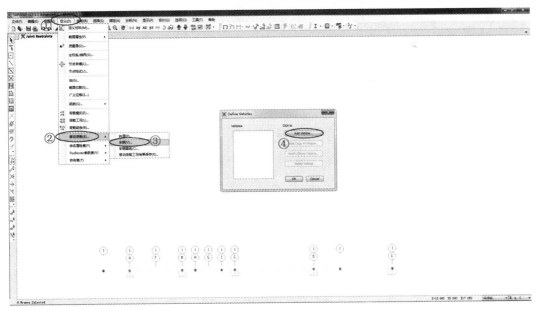

图 6-15　定义车辆操作 1

将【轮轴荷载】处改为 1，表示添加的移动荷载为单位荷载，点【添加（A）】-【确定】-【确定】，按图 6-16 所示 1-2-3 步骤操作。当添加其他的列车或汽车移动荷载时，可根据荷载形式，自行定义。

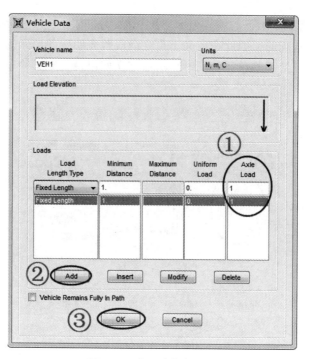

图 6-16　定义车辆操作 2

（8）定义车辆类别：【定义】-【桥梁荷载】-【车辆等级】-【确定】，按图 6-17 所示步骤操作。

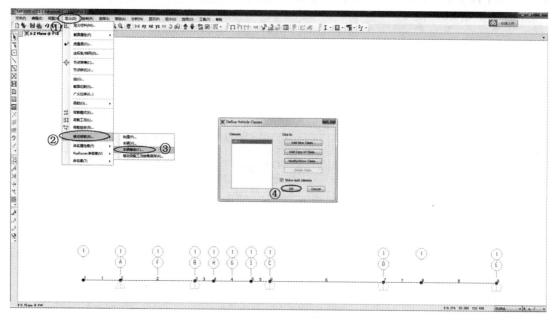

图 6-17　定义车辆类别操作

（9）定义输出影响量。【定义】-【桥梁荷载】-【移动荷载工况结果保存】，取消如图 6-18 所示步骤 4 所框选的项目，点击【确定】，按图 6-18 所示步骤操作。

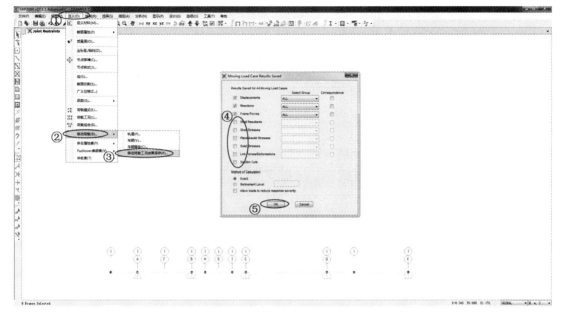

图 6-18　定义输出影响量操作

（10）定义分析工况：【定义】-【荷载工况】，在弹出的定义荷载工况窗口中点击【添加新荷载工况】；在弹出的荷载工况数据新窗口中修改荷载工况名为 INF，在荷载工况类型中选择Moving Load。SAP2000 程序默认的有两个计算工况，分别为静力计算和模态计算。移动荷载计算不同于以上两个计算工况，因此需要新建一个计算工况。在移动荷载计算工况的定义中，本示例中仅有一个车辆组，选择该车辆组 VEH1 即可。当定义了多组车辆组时，可根据需要设定工况定义中的 Scale Factor 参与系数。同时车道选择前述所定义的车道即可。点击【添加】-【确定】，按图 6-19 所示 1-2-3-4-5-6-7 步骤操作。

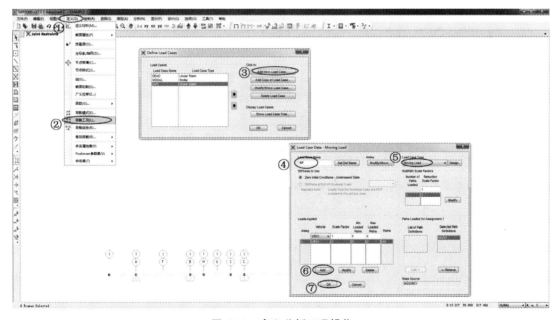

图 6-19　定义分析工况操作

（11）执行分析计算：点【分析】-【选择运行工况】，在弹出的小窗口中选择 Dead 和 Modal，点击【运行/不运行工况】-【现在运行】，按图 6-20 所示步骤 1-2-3-4-5 操作。

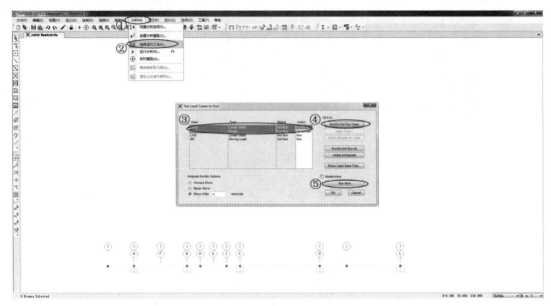

图 6-20　执行分析操作

（12）显示指定量值的影响线（例如 M_F 的影响线）：【显示】-【显示影响线/面】，按图 6-21 的步骤 1-2-3-4-5-6-7 操作。影响线的结果显示在单独的<显示影响线>模块，其中步骤 3 中的 Frame 表示以单元为基础进行影响线的绘制。Frame Label 表示所要绘制量值影响线所在的单元，Relative Distance 表示距离起点的距离（当不清楚单元的方向时，可以将单元的局部坐标系打开，从而明确单元的起点以及终点），Compnent 表示绘制量值的类型，如图 6-21 表示绘制的是单元 2 中点处的弯矩影响线。

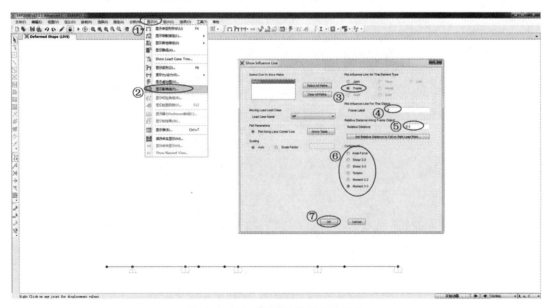

图 6-21　显示指定量值影响线操作

分别选择不同的单元，采用前述的方法，依次绘制出 F_{RA}，F_{RC}，F_{QB}^{L}，F_{QB}^{R}，M_{F}，F_{QF} 的影响线，计算结果如图 6-22~图 6-27。

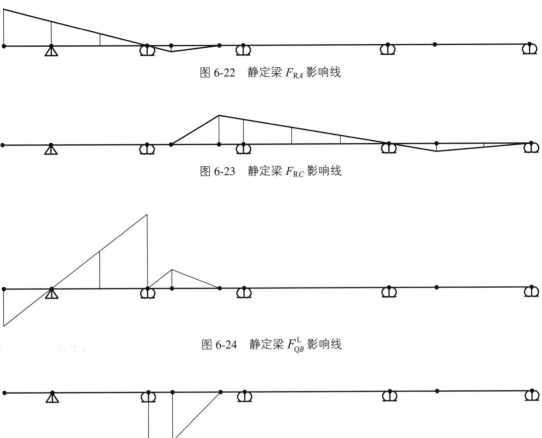

图 6-22   静定梁 F_{RA} 影响线

图 6-23   静定梁 F_{RC} 影响线

图 6-24   静定梁 F_{QB}^{L} 影响线

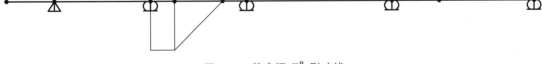

图 6-25   静定梁 F_{QB}^{R} 影响线

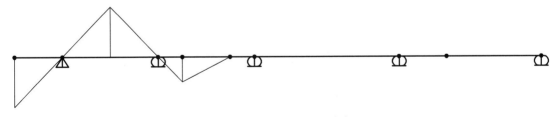

图 6-26   静定梁 M_{F} 影响线

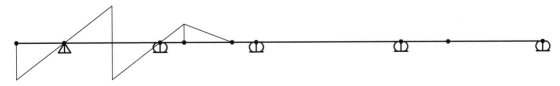

图 6-27   静定梁 F_{QF} 影响线

与前述的静力法计算结果进行比较，可以看出结果是一致的。

将上述多跨静定梁铰接点 H、I 改为刚节点，如图 6-28 所示，此结构变为超静定结构。对于超静定结构，其影响线呈曲线形式，因此需要计算承载杆上较多位置的影响纵距。当采用手算时，无论是用静力法或机动法确定纵距，均需要运用超静定问题的各种分析方法：力法、位移法以及渐近法等。当采用软件计算时，其计算都用 SAP2000 对该超静定梁进行分析，得到 F_{RA}，F_{RC}，F_{QB}^{L}，F_{QB}^{R} 和 M_F、F_{QF} 的影响线结果如图 6-29~图 6-34 所示。

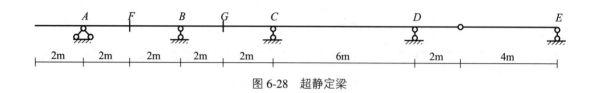

图 6-28　超静定梁

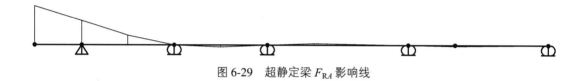

图 6-29　超静定梁 F_{RA} 影响线

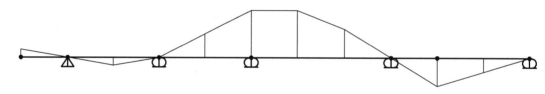

图 6-30　超静定梁 F_{RC} 影响线

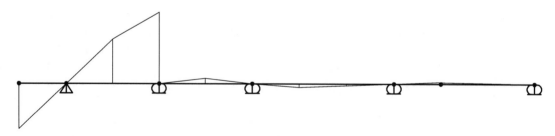

图 6-31　超静定梁 F_{QB}^{L} 影响线

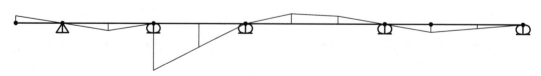

图 6-32　超静定梁 F_{QB}^{R} 影响线

图 6-33 超静定梁 M_F 影响线

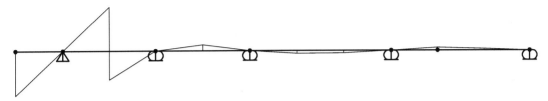

图 6-34 超静定梁 F_{QF} 影响线

由上述可以看出该多跨梁由静定结构转换为超静定结构后，相同量值的影响线也发生了变化：影响线的形状发生了变化，所有的影响线均由直线转换为曲线；影响线的量值也发生了变化，超静定结构的量值明显小于静定结构的量值。

6.5　桁架的影响线绘制

经典力学中涉及的桁架均为理想桁架，具有以下 3 个特点：

（1）各杆均为直杆，且杆轴通过铰的中心。

（2）各杆两端均为没有摩擦的理想铰联结。

（3）荷载和支座反力都作用在节点上。

理想桁架中各杆截面上只产生轴向力。对于桁架影响线的计算步骤与前述的梁影响线绘制类似，但需要注意的是对于平行弦桁架需要区分一定荷载在上弦运动还是在下弦运动。

例 6-2　试作图 6-35 所示桁架轴力 F_{N1}、F_{N2}、F_{N3}、F_{N4} 的影响线。

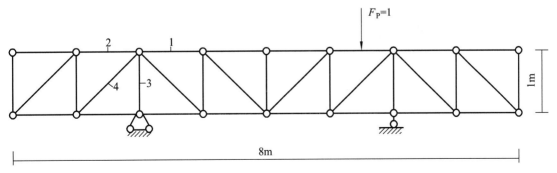

图 6-35　某桁架计算简图

（1）打开 SAP2000 应用程序，在右下角选择计算单位为 N, m, C ，即选用国际单位制 N，m，C。

（2）点击建立几何计算模型：点击【文件】-【新模型】-【二维桁架】，按图 6-36 所示步骤 1-2-3 操作。

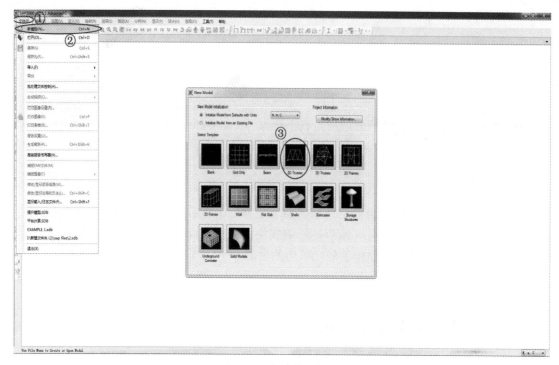

图 6-36　新建模型操作

在弹出的小窗口中，二维桁架类型选择 Vertical Truss，即选择平行弦桁架，其中（Number of Division）表示桁架的分割数设置为 8，节间长度（division length）为 1 m，桁高（height）为 1 m，点击【确定】，按图 6-37 所示步骤 1-2-3 操作。

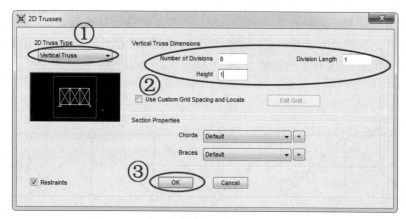

图 6-37　编辑模型尺寸

选择需要去掉多余约束的节点，点击【指定】-【节点】-【约束】，选择 ▪，点击【确定】，按图 6-38 所示步骤 1-2-3-4-5 操作，将该桁架设置为梁式桁架。

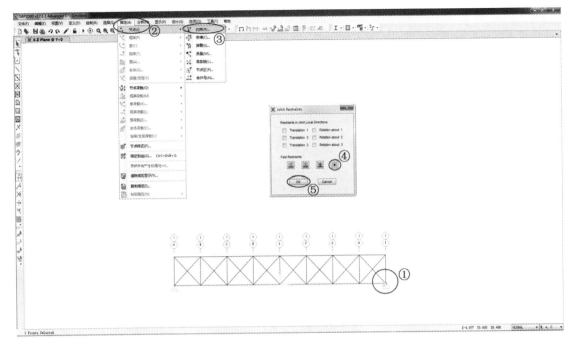

图 6-38　去掉多余约束操作

选择需要添加约束的节点，选择【指定】-【节点】-【约束】，选择 ⛫，点击【确定】，按图 6-39 所示步骤 1-2-3-4-5 操作，完成结构的约束布置。

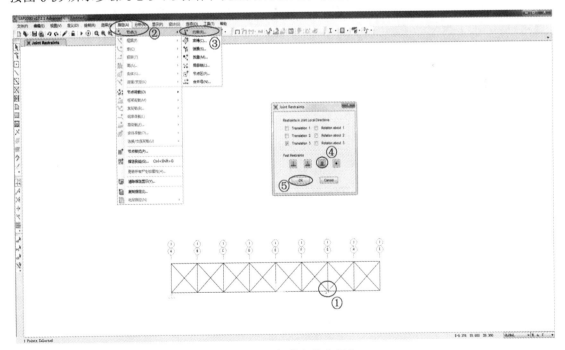

图 6-39　添加节点约束操作

选择需要删除的多余杆件，点击【编辑】-【删除】，按图 6-40 所示步骤 1-2-3 操作，完成结构的构件布置。

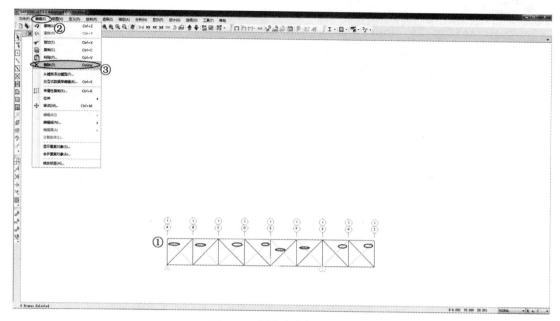

图 6-40　删除多余杆件操作

需要将刚接全部改为铰接，选择全部的杆件，点击主菜单栏的【指定】-【框架】-【释放/部分固定（R）…】，在弹出的小窗口中勾选梁段终点和起点主轴和次轴的弯矩和起点的扭矩，点击【确定】，按如图 6-41 所示步骤 1-2-3-4-5 操作。

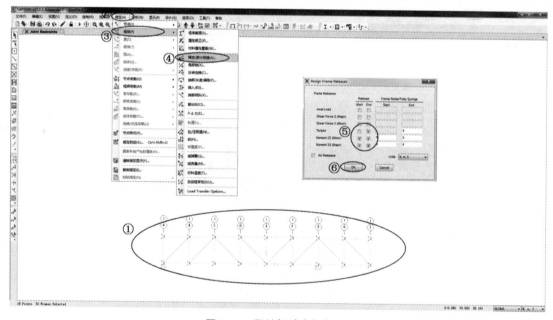

图 6-41　释放杆端弯矩操作

（3）定义单元的材料特性：选择【定义】，点击【材料】，选择材料列表中的【Steel】，然后在弹出的窗口地区一栏中选择中国，选择 Material Type 为 Steel，Standard 为 GB，Grade 为 Q345，最后点击 ok，表明材料采用的是中国的钢结构规范中的 Q345 的钢材。最后点击【确定】，按图 6-42 所示步骤 1-2-3-4-5 操作。

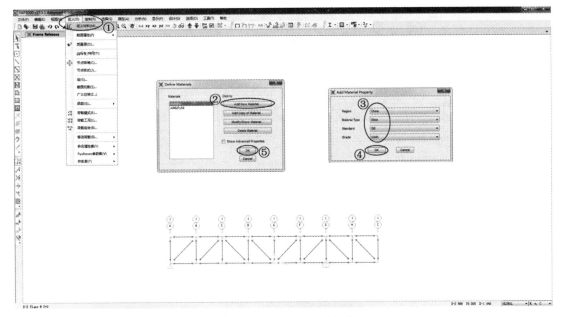

图 6-42　定义单元材料操作

（4）定义单元的截面特性：点击【定义】-【截面特性】-【框架截面】，选择 FSEC1，点击【确定】，按图 6-43 所示步骤 1-2-3 操作。

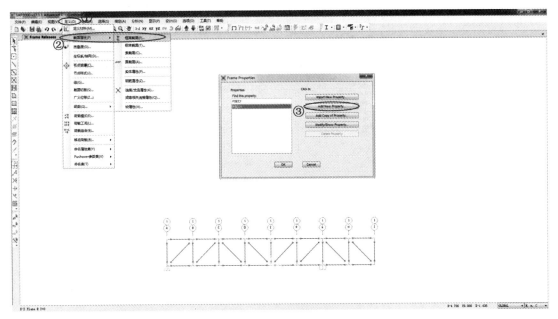

图 6-43　定义单元截面特性操作

在弹出的小窗口中把界面定义为"TUBE"，并依次输入截面尺寸，选择钢材材料为 Q345，采用方钢管截面，并依次输入截面尺寸，其中 t3 表示截面的总高度、t2 表示截面的总宽度、tf 表示与 3 轴平行的两段钢管的壁厚、tw 表示与 2 轴平行的两段钢管的壁厚。按照题目给定的截面尺寸，分别输入：t3=0.4，t2=t2b=0.2，tf=tw=0.012。再次点击 ok，截面的尺寸就定义好了。最后点击【确定】，按图 6-44 所示步骤 1-2-3-4 操作。

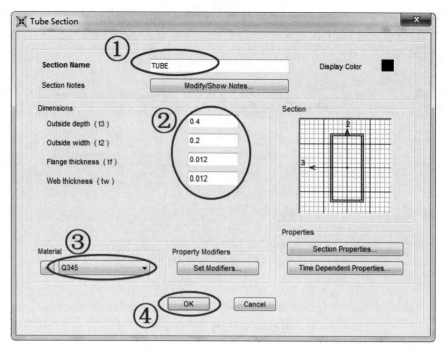

图 6-44　输入截面数据操作

（5）指定单元截面：选择全部杆件单元，点击【指定】-【框架】-【框架截面】，在弹出的小窗口中选定 TUBE，点击【确定】，将各杆段均赋予 tube 截面，按图 6-45 所示步骤 1-2-3-4-5 操作。

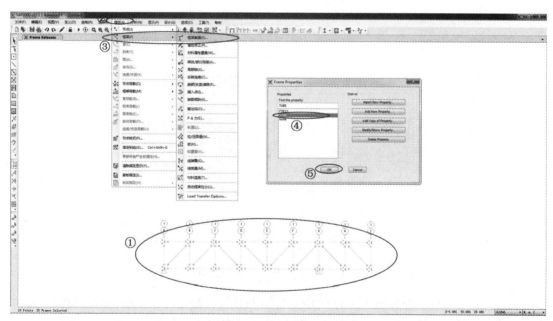

图 6-45　指定单元截面操作

（6）定义车道：【定义】-【桥梁荷载】-【车道】-【从框架添加已定义的新车道】，按图 6-46 所示步骤 1-2-3-4 操作。

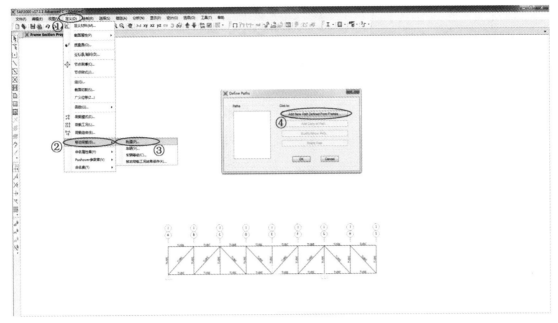

图 6-46　定义车道操作

点【添加（A）】，将框架下的 1 改为 11，点【添加（A）】，再将框架下的数字改为 13，点【添加（A）】，如此下去直到添加完所有的上弦杆。车道的定义是以单元为基础的，因此在定义车道之前应首先明确各单元的单元号，从而确定移动荷载的运动范围都包括哪些单元。同时，车道定义好以后，定义的车道单元会以其他颜色区别显示。点【确定】，按图 6-47 所示步骤操作。

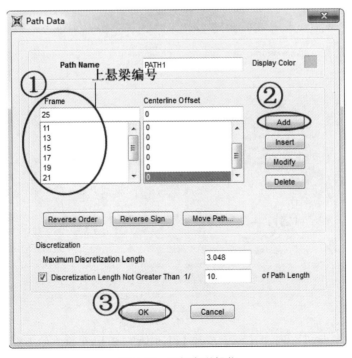

图 6-47　添加车道操作

151

（7）定义车辆：【定义】-【桥梁荷载】-【车辆】，在弹出的小窗口中点击【添加车辆】，按图 6-48 所示步骤 1-2-3-4 操作。

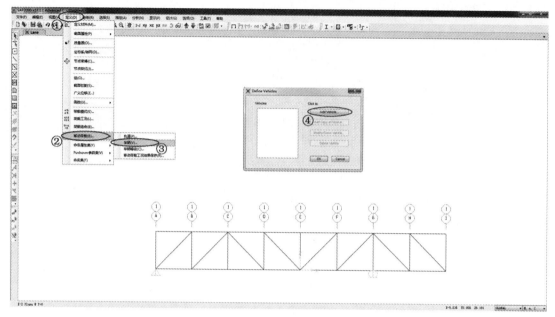

图 6-48　定义车辆操作 1

将【轮轴荷载】处改为 1，表示添加的移动荷载为单位荷载，点【添加（A）】-【确定】，按图 6-49 所示步骤 1-2-3 操作。

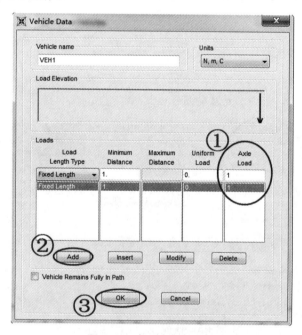

图 6-49　定义车辆操作 2

（8）定义车辆类别：【定义】-【桥梁荷载】-【车辆等级】，在弹出的小窗口中点击【确定】，按图 6-50 所示步骤 1-2-3-4 操作。

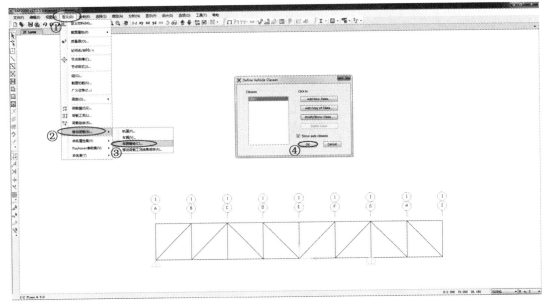

图 6-50　定义车辆类别操作

（9）定义输出影响量：【定义】-【桥梁荷载】-【移动荷载工况结果保存】，取消图 6-51 所示步骤 4 所框选的项目，点击【确定】，按图 6-51 所示步骤 1-2-3-4-5 操作。

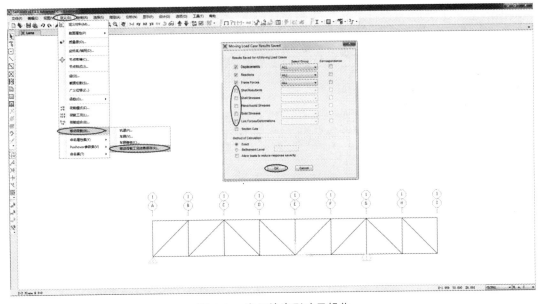

图 6-51　定义输出影响量操作

（10）定义分析工况：【定义】-【荷载工况】，在弹出的定义荷载工况窗口中点击【添加新荷载工况】；在弹出的荷载工况数据新窗口中修改荷载工况名为 INF，在荷载工况类型中选择 Moving Load，新建一个计算工况。在移动荷载计算工况的定义中，本示例中仅有一个车辆组，选择该车辆组 VEH1 即可，当定义了多组车辆组时，可根据需要设定工况定义中的 Scale Factor 参与系数。同时，车道选择前述所定义的车道即可。点击【添加】-【确定】，按图 6-52 所示步骤 1-2-3-4-5-6-7 操作。

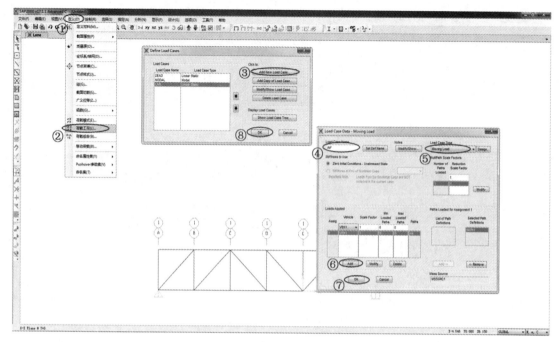

图 6-52　定义分析工况操作

（11）执行分析计算：点【分析】-【设置运行的荷载工况】，在弹出的小窗口中选择 Dead 和 Modal，点击【运行/不运行工况】-【现在运行】，按图 6-53 所示步骤 1-2-3-4-5 操作。

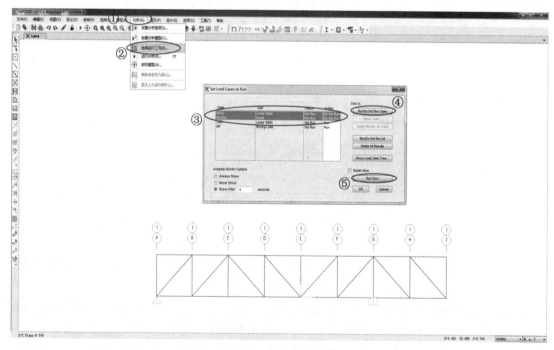

图 6-53　执行分析操作

（12）显示指定量值的影响线，以单元为基础进行影响线的绘制（例如 F_{N1} 的影响线）：【显示】-【显示影响线/面】，按图 6-54 所示步骤操作。

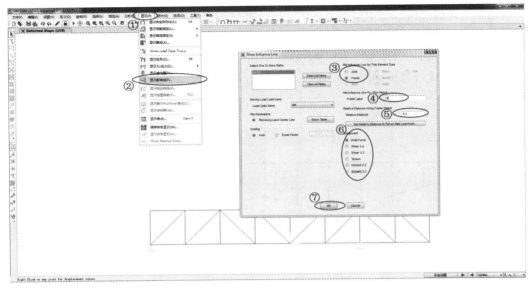

图 6-54 显示指定量值影响线操作

所求各截面轴力的影响线如图 6-55~图 6-58 所示。

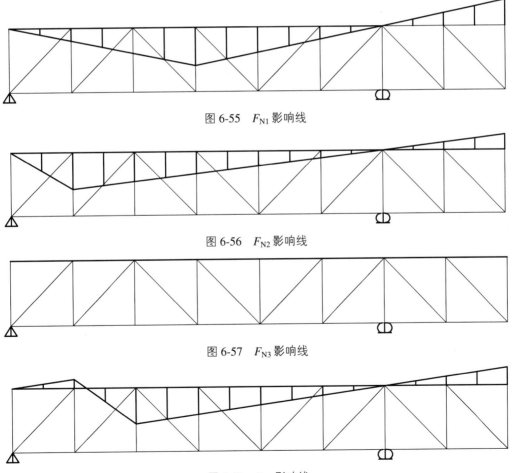

图 6-55 F_{N1} 影响线

图 6-56 F_{N2} 影响线

图 6-57 F_{N3} 影响线

图 6-58 F_{N4} 影响线

讨论：当该移动荷载在桁架的下弦运动时，各杆的内力影响线是否变化？

具体的计算步骤与前述完全一致，唯一不同的是在第（6）步骤（定义车道），框架编号应为所有的下弦杆编号，即 10、12、14、16、18、20、22、24。

$F_{N1} \sim F_{N4}$ 的影响线结果如图 6-59~图 6-62 所示。

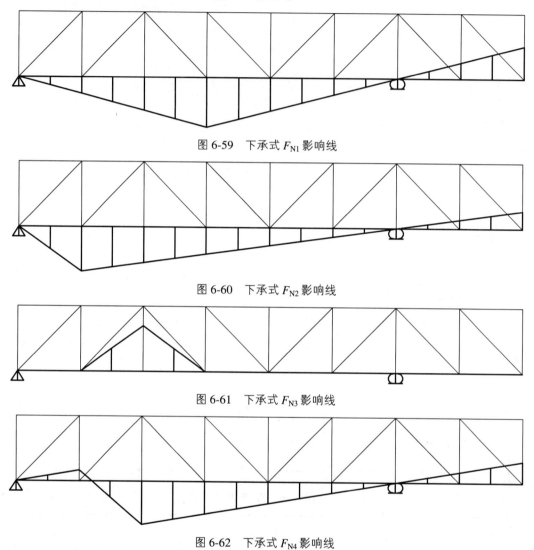

图 6-59   下承式 F_{N1} 影响线

图 6-60   下承式 F_{N2} 影响线

图 6-61   下承式 F_{N3} 影响线

图 6-62   下承式 F_{N4} 影响线

从上述结果可得出，当桁架分别为上承式和下承式时，其相同杆的影响线是不一样的。例如 3 号杆件，当在桁架的上弦杆作用荷载的时候，3 号杆件中是没有轴力的；当荷载作用在 3 号杆下面两根下弦杆的时候，3 号杆中有轴力。

习   题

6-1   试绘制题图 6-1 所示静定多跨梁 F_{RF}、F_{QD}^{L}、F_{QD}^{R} 和 M_{E} 的影响线。

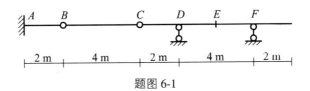

題图 6-1

6-2 试绘制题图 6-2 所示静定多跨梁 F_{RC}、F_{QE}^{L}、F_{QE}^{R} 和 M_D 的影响线。

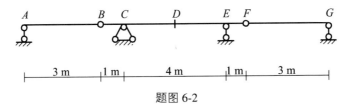

題图 6-2

6-3 试绘制题图 6-3 所示桁架 F_{N1}、F_{N2}、F_{N3}、F_{N4} 的影响线。

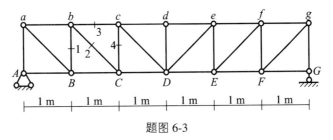

題图 6-3

6-4 当荷载分别为上承式和下承式时，分别作题图 6-4 所示桁架 F_{N1}、F_{N2} 的影响线。

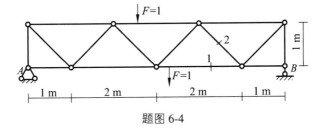

題图 6-4

7　模态分析

模态是结构系统的固有振动特性。线性系统的自由振动被解耦合为 N 个正交的单自由度振动系统，对应系统的 N 个模态。每一个模态具有特定的固有频率、阻尼比和模态振型。这些模态参数可以由计算或试验分析取得，这样一个计算或试验分析的过程称为模态分析。模态分析的目的在于识别出系统的模态参数，为结构系统的动力特性分析、结构动力特性的优化设计提供依据。下面结合例题讲解 SAP2000 中模态的计算。

例 7-1　钢框架结构如图 7-1。x 向为 4 跨，轴间距 4 m；y 向为 2 跨，轴间距 6 m；结构共 3 层，层高均为 3 m；型钢柱截面为 H500×300×12×20，型刚梁截面为 H400×300×10×16，均采用 Q345 钢；楼板采用 C30 混凝土，厚度为 100 mm。采用 SAP2000 进行模态分析。

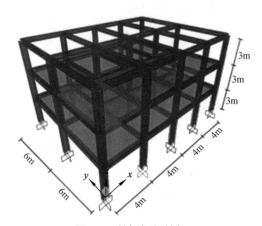

图 7-1　某钢框架结构

【操作步骤】

（1）打开 SAP2000 应用程序，在右下角选择计算单位为 N, m, C 。

（2）定义轴线：点击【文件】-【新模型】-【轴网】，分别输入 x、y、z 方向的坐标轴数量及间距，点击【确定】，按图 7-2 所示步骤操作，图 7-3 为建立的轴网图。

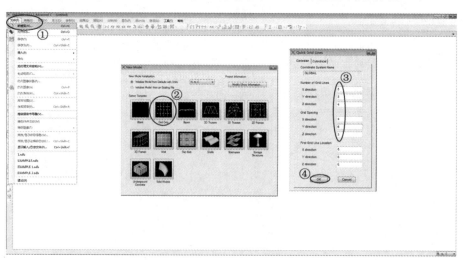

图 7-2　定义轴线

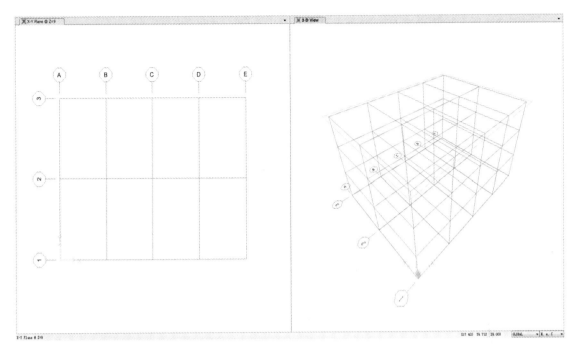

图 7-3　轴网

（3）定义材料属性：点击【定义】-【定义材料】-【添加新材料】，按图 7-4 所示步骤操作。点击【修改/显示材料】，弹出材料属性对话框，如图 7-5 所示，用户可以通过该对话框设定材料的基本属性，其中包括材料名称、材料类型、分析属性数据、显示颜色、设计类型以及设计属性数据等，程序根据设置的材料密度计算质量并施加在节点上。

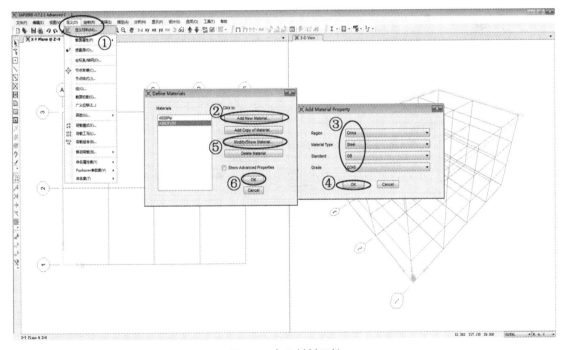

图 7-4　定义材料属性

按图 7-4 所示步骤添加 C30 混凝土材料，其中步骤 3 如图 7-6。

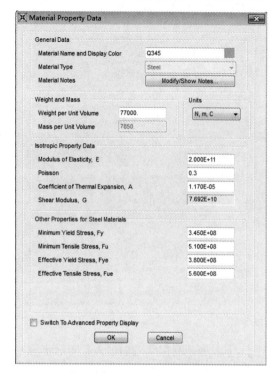

图 7-5　材料属性对话框

图 7-6　添加混凝土材料

（4）定义截面：点击【定义】-【截面属性】-【框架截面】，在弹出的框架属性对话框里选择【添加新属性】，按图 7-7 所示步骤操作。

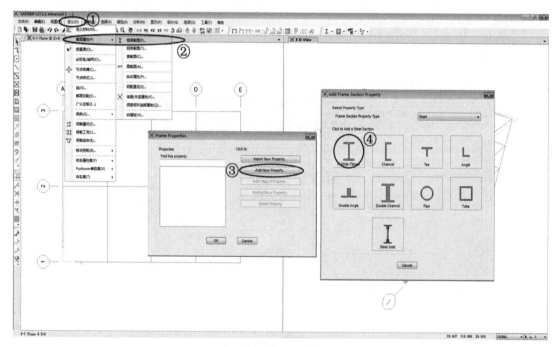

图 7-7　添加梁、柱截面

在弹出的截面窗口中输入柱截面数据，赋予此截面材料 Q345，按图 7-8 所示步骤操作。

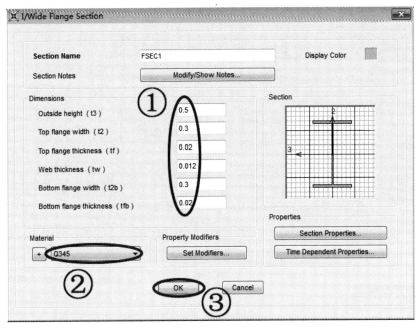

图 7-8　柱截面

继续按图 7-7 所示步骤添加框架截面，并在弹出的窗口中输入梁截面数据，赋予材料 Q345，按图 7-9 所示步骤操作。

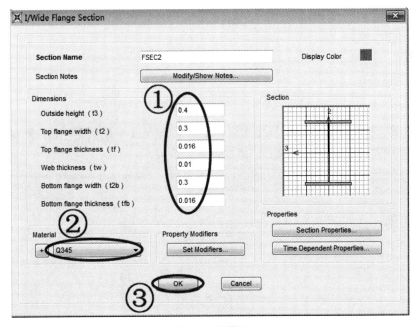

图 7-9　梁截面

定义楼板截面：点击【定义】-【截面属性】-【面截面】，在弹出的对话框中输入楼板的厚度 0.1 m，指定材料为 C30。按图 7-10 所示步骤操作。

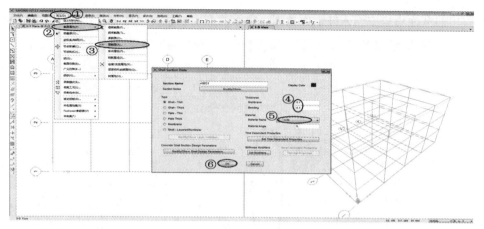

图 7-10　定义楼板截面

（5）绘制构件：点击左窗口为 *yz* 平面，选择【绘制框架/索】工具，分别选择截面 FSEC1、FSEC2，绘制柱截面和梁截面，按图 7-11 所示步骤操作。

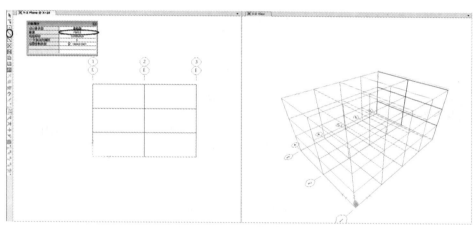

图 7-11　绘制梁、柱截面

选中所有梁、柱，点击【编辑】-【带属性复制】，输入 *x* 向轴间距 4 m，复制框架数为 4，按图 7-12 所示步骤操作，复制完成后，添加纵向连系梁。

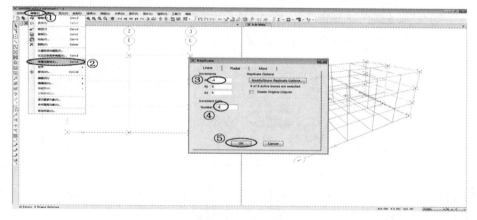

图 7-12　复制框架

点击左窗口为 xy 平面，在 $z=4$ m、8 m 的平面快速绘制楼面。柱端与地面是固定支座，选择所有的柱端点，点击【指定】-【节点】-【约束】，选择 ▔▔，按图 7-13 所示步骤操作。

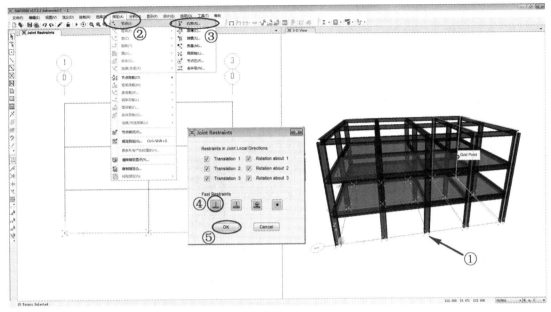

图 7-13　端点约束

（6）定义质量源：点击【定义】-【质量源】命令，弹出定义质量源对话框。质量定义域选择来自单元自身质量和附加质量，点击【确定】按钮，按图 7-14 所示步骤操作。

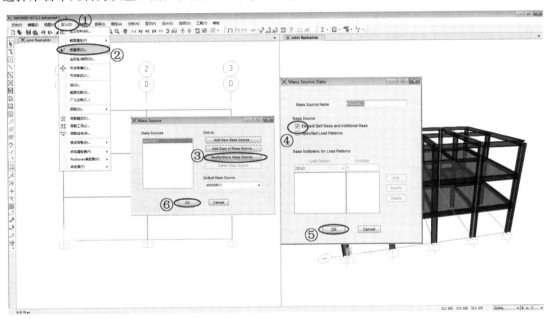

图 7-14　质量源定义

（7）定义荷载工况：点击【定义】-【荷载工况】命令，弹出分析工况对话框。对于工况名称和工况类型，只选择 Model，然后点击【修改/显示工况】按钮，弹出荷载工况数据对话

163

框。这里设置使用的刚度为零初始条件——零预应力状态,即结构刚度矩阵中不考虑由预应力、$P\text{-}\Delta$ 或者大位移所产生的几何非线性效应;模态类型选择特征向量;最大振型数设置为 6,用户可以根据需要自行设定。点击荷载工况数据对话框和荷载工况对话框中的【确定】按钮,完成荷载工况的定义,按图 7-15 所示步骤操作。

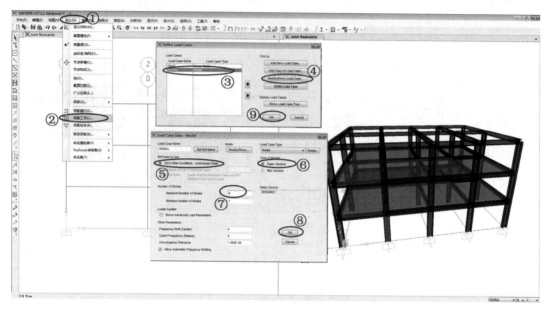

图 7-15　荷载工况定义

（8）设置分析选项：点击【分析】-【设置分析选项】命令,弹出分析选项对话框,选择空间框架,点击【确定】按钮,按图 7-16 所示步骤操作。

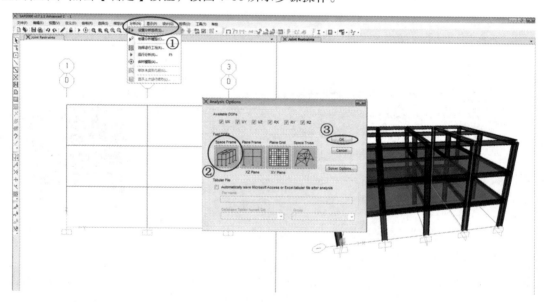

图 7-16　设置分析选项

（9）运行分析：点击【分析】-【运行分析】命令,弹出设置运行的分析工况对话框,点击【现在运行】,按图 7-17 所示步骤操作。

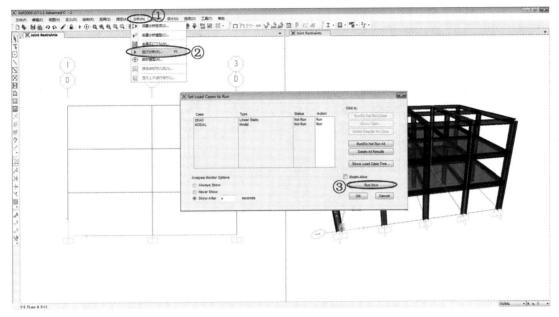

图 7-17　运行分析

（10）计算完成后，右下角会出现开始动画 ⬅ ➡，点击【开始动画】按钮，可以动态地显示框架的振型图，并且通过点击 ⬅ ➡ 可以显示各阶次的振型图。除此之外，还可以点击 ⏚，弹出变形后形状对话框，如图 7-18 所示，工况名称选择模态，可以通过设置不同的模态数显示其相应的振型图，当振型图与结构未变形形状很接近时，可以设计比例系数调整。图 7-19 给出了对框架进行模态分析的前 6 阶振型的框架变形图。

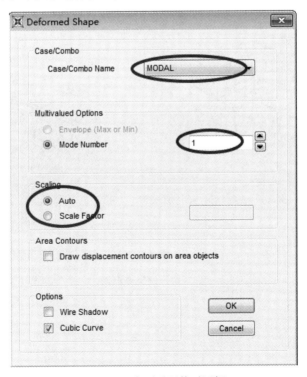

图 7-18　变形后形状对话框

165

（a）第一阶模态

（b）第二阶模态

（c）第三阶模态

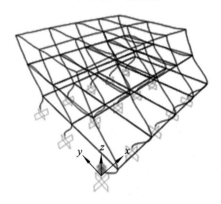

（d）第四阶模态

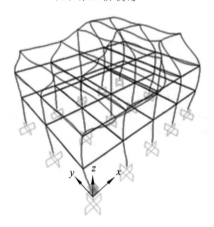

（e）第五阶模态

（f）第六阶模态

图 7-19　框架变形图

参考文献

[1] 杜正国，彭俊生，罗永坤. 结构分析. 北京：高等教育出版社，2003.

[2] 李廉锟. 结构力学. 3 版. 北京：高等教育出版社，2000.

[3] 罗永坤，彭俊生，蔡婧. 结构分析方法与程序应用. 北京：科学出版社，2014.

[4] 彭俊生，罗永坤，结构概念分析与 SAP2000 应用. 北京：高等教育出版社，2005.

[5] 王勖成，邵敏. 有限单元法基本理论与数值方法. 北京：清华大学出版社，1988.

[6] 杜平安，甘娥忠，于亚婷. 有限元法：原理、建模及应用. 北京：国防工业出版社，2004.

[7] 荣先成，王洪军，宋强，等. 有限元法. 成都：西南交通大学出版社，2007.

[8] 李景湧. 有限元法. 北京：北京邮电大学出版社，1999.

[9] 陈世民，何琳，陈卓. SAP2000 结构分析简明教程. 北京：人民交通出版社，2005.

[10] 北京金土木软件技术有限公司，中国建筑标准设计研究院. SAP2000 中文版使用指南. 北京：人民交通出版社,2006.